Unity AR
增强现实完全自学教程

李晔 编著

电子工业出版社·
Publishing House of Electronics Industry
北京·BEIJING

内 容 简 介

本书是初学者快速学习 AR 应用的全面教程，从基础理论到经典的 AR 案例都进行了详尽的讲解。即便是零基础的读者也可以通过本书学习并制作出常见的 AR 应用。

本书共分 10 章，基础部分会介绍 Unity 的安装配置、基础操作、C#编程基础、坐标系统、UI 系统以及 AR 应用在常用平台（PC、Android、iOS）的发布等。

AR 案例部分会以涂色类 AR、多卡互动 AR、恐龙博物馆 AR 大屏互动为例，在实际制作过程中教大家 AR 应用的通用设计方式，以及如何处理 AR 应用在制作过程中常见的问题。

为了方便读者学习，本书附赠案例部分的所有资源及源文件，可以随时查阅对比。

本书适合于想要进入 AR 行业的爱好者，传统行业转型 AR 的管理者、投资人，以及针对 AR 中特定案例有需求的从业人员。

图书在版编目（CIP）数据

Unity AR 增强现实完全自学教程/ 李晔编著. —北京：电子工业出版社，2017.9
ISBN 978-7-121-32469-7

Ⅰ．①U… Ⅱ．①李… Ⅲ．①游戏程序－程序设计－教材 Ⅳ．①TP317.6

中国版本图书馆 CIP 数据核字（2017）第 195373 号

策划编辑：孔祥飞
责任编辑：徐津平
印　　刷：北京虎彩文化传播有限公司
装　　订：北京虎彩文化传播有限公司
出版发行：电子工业出版社
　　　　　北京市海淀区万寿路 173 信箱　　　　　邮编：100036
开　　本：787×1092　1/16　　印张：14　　　　字数：376 千字
版　　次：2017 年 9 月第 1 版
印　　次：2021 年 8 月第 5 次印刷
定　　价：79.00 元

凡所购买电子工业出版社图书有缺损问题，请向购买书店调换。若书店售缺，请与本社发行部联系，联系及邮购电话：(010) 88254888，88258888。
质量投诉请发邮件至 zlts@phei.com.cn，盗版侵权举报请发邮件至 dbqq@phei.com.cn。
本书咨询联系方式：010-51260888-819，faq@phei.com.cn。

序

这些年的科幻作品或多或少都有对 AR 或其理念的描述。无论是弗诺·文奇执笔的小说《彩虹尽头》，或是矶光雄监督的动漫《电脑线圈》，又或者索尼电脑娱乐发售的游戏《暴雨》，都会带你进入一个充满 AR 元素的世界。

AR 的魅力就在于此。它不像时空穿梭那么遥不可及，也不像登陆火星那样与你我无缘。它是一个有生之年可以实现的梦想，是一个远未成熟却在一步一步接近理想的领域。所以投身其中为之奋斗，或是仅仅体验其带来的新世界，对普通人来说都可以实现。

今天只要你愿意，购买 AR 产品并不是什么难事。许多免费的 AR 内容展现平台也在应用市场上竞相出现。然而这个领域还远未达到人们所期望的那样。AR 还没有融入我们的日常生活中。虽然市面上有一些工具和平台，但是 AR 内容的制作和展现仍有着很高的门槛，一些看似理所当然的需求实际上还无法实现。

EasyAR 就诞生在这样的背景之下。作为 AR 开发平台，它提供给开发者一系列工具，解决 AR 领域最复杂和较为底层的一些问题，降低 AR 产品中包括工具、平台、应用乃至内容创作和展现等一系列问题的门槛。EasyAR SDK 是其中最早发布的产品，其研发过程贯穿了灵活易用、稳定高效的设计理念。

本书作者凭借对现有工具的理解和丰富的教学经验，从实战角度解决很多初学者遇到的问题。在与很多开发者的交流过程中，我们发现其实有很大一部分开发者是从零开始进行 AR 制作的。本书正是这些开发者所需要的，是非常实用的 AR 实战教程。

就在前两个月，EasyAR SDK 2.0 正式发布，EasyAR 产品也全线进入了 2.0 时代。随着海内外开发者的不断增多，开发者对新功能的期待和个性化需求也在不断上升。EasyAR 今后会提供更多功能以及更完善的工具链，推动这个产业不断向前发展。

即便在 *Pokémon Go* 这样的现象级手游和 HoloLens 这样优秀的设备已经面世的今天，AR 给人的印象还远没有智能手机那么深刻。AR 的基础设施日趋完善，参与进来的公司也在不断增多。但和那些科幻作品所描绘的未来场景相比，我们还有很多路要走。

这个时代最令人兴奋的地方就在于今天看似不成熟的技术，也许明天就会融入你我的生活。正因为这些不成熟，这个领域留给我们的想象空间才会很大，我才有幸能参与到这样有趣的事业中。如果你也对这个领域跃跃欲试，那么阅读本书会对你有所帮助，相信它一定不会令喜欢实战的你感到失望。

EasyAR 研发总监

宋健

2017 年 8 月

前　　言

1. 内容介绍

本书是初学者快速学习 AR 应用的全面教程，从基础理论到经典的 AR 案例都进行了详尽的讲解。保证即便是零基础的读者也可以通过本书学习并制作出常见的 AR 应用。

本书共分 10 章，基础部分会介绍 Unity 的安装配置、基础操作、C#编程基础、坐标系统、UI 系统以及 AR 应用在常用平台（PC、Android、iOS）的发布等。

AR 案例部分会以涂色类 AR、多卡互动 AR、恐龙博物馆 AR 大屏互动为例，在实际制作过程中教大家 AR 应用的通用设计方式，以及如何处理 AR 应用在制作过程中常见的问题。

为了方便读者学习，本书附赠案例部分的所有资源及源文件，可以随时查阅对比。

2. 适合人群

本书适合于想要进入 AR 行业的兴趣爱好者，传统行业转型 AR 的管理者、投资人，以及针对 AR 中特定应用有需求的从业人员。

图书的编写不可能满足所有人群的需求，笔者在日常工作教学中发现，有基础的专业人员更愿意通过网络论坛或者查阅官方文档的方式解决问题，而初学者或从传统行业转型的人员，则更需要通过书籍学习来进入 AR 技术领域。因此，本书编写重心会更偏向于零基础入门的读者以及对 AR 设计、管理方面有需求的读者。

本书针对技术上完全零基础的人员有一套切实可行的学习方案，书中内容是从笔者以往教学中提炼出的课程精华，在线下培训和线上课程教学中取得了很好的效果。

笔者的学员中有在校大学生、美术从业人员、设计师以及零基础爱好者，他们成功地掌握了相关的 AR 技能，做出了优秀的作品及产品。

3. 学习目标

通过本书可以达到以下学习目标：

1. 能够独立制作常见的 AR 类软件。

2. 能够具备对 AR 项目策划、任务分配、验收等管理方面的能力。

3. 能够加强 AR 项目中不同工种之间的沟通协作能力。

4. 增加 AR 项目中错误排查以及修复的能力。

5. 学会拆解成熟的 AR 产品，即看到 AR 产品后能够快速分析出其所使用的具体技术，以及构建制作流程。

4. 内容风格

编程及美术类的专业性词汇对于外行来讲大多晦涩难懂，在学校系统学习容易接受，如果想在短时间内理解这些词汇则很困难。

虽然从网络或其他书籍中摘抄一些定义显然很容易，文字上也会更加严谨，但会造成以专业术语解释专业术语的情况，增加读者的学习负担。

笔者认为专业术语的出现虽然会增加图书中的专业性，但是在占用篇幅的同时，对教学理解不会产生实质性的帮助，对初学者反而会造成困惑及误导。

本书以实用性为目的，快速带领读者入门。因此，书中会尽量将专业术语使用通俗的文字来解释，方便读者理解。一些文字的严谨性在专业人士眼中可能会有所欠缺，如有不足之处还望读者补充指正。

受篇幅所限，书中的基础知识主要针对 AR 案例中涉及的内容，如在某一领域有更高要求，请查阅具体细分领域的专业书籍（例如平面美术、C#编程、Zbrush 雕刻、数据库等）。

5. 读者服务

轻松注册成为博文视点社区用户（www.broadview.com.cn），扫码直达本书页面。

- **下载资源**：本书如提供示例代码及资源文件，均可在下载资源处下载。
- **提交勘误**：您对书中内容的修改意见可在提交勘误处提交，若被采纳，将获赠博文视点社区积分（在您购买电子书时，积分可用来抵扣相应金额）。
- **交流互动**：在页面下方读者评论处留下您的疑问或观点，与我们和其他读者一同学习交流。

页面入口：http://www.broadview.com.cn/32469

目　　录

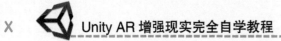

第 1 章　Unity AR 概述

1.1　AR 介绍

1.1.1　AR技术概述

　　在科幻题材的影视作品中，常会看到一些投射在场景中的全息影像，而当前世界的科学整体水平尚不能做到将虚拟 3D 信息直接投射在空气中。

　　本书中所讲的 AR 是通过摄像头和屏幕来实现这种科幻效果，AR 的英文全称是 Augmented Reality，翻译成中文就是"增强现实"。

　　AR 一般有两种定位方式：

　　1. 使用识别图定位：虚拟的 3D 模型、UI、特效等根据识别图的大小、位置、旋转角度进行相应的匹配。

2. 根据固定摄像头位置定位：先设置好摄像头的位置，根据摄像头捕捉到的现实画面直接固定虚拟元素的大小、位置、旋转角度。

除了这两种常用的识别方式，还有长方体定位、柱形定位、物体定位以及 SLAM 定位等，但这些识别定位方式目前在实际使用中较少。

1.1.2　AR行业应用及发展趋势

AR 目前来说主要应用在幼教、游戏以及大屏互动之中。

幼教中比较成功的产品主要有：AR 识物卡片、多卡互动、涂涂乐。

AR 幼教的市场目前已较为成熟，在未来依旧是 AR 技术应用的一个重要方向。幼儿对于新奇事物保持热情的时间会很长，AR 这种形式更有利于幼儿集中注意力，并且通过自己动手和记忆的过程也会获得成就感，使学习变得简单起来。

游戏这种形式最初被 AR 开发者看好，但目前除了 *PokemonGo* 这款火遍全球的游戏，基本没有较为成功的 AR 游戏。

可以说 AR 游戏目前尚处于一个不断试水的阶段，尚未像手游一样形成类似卡牌、跑酷、三消等经典成熟的游戏模式。AR 在游戏方面有着极大的潜力等待挖掘，随着硬件以及 AR 底层技术的不断拓展，AR 游戏未来必将有巨大的发展空间。

大屏互动广泛地应用在博物馆、商场以及广告屏等公共场所。

由于 AR 大屏互动更多的是使用电脑来运行，使得 AR 大屏互动中的模型、动画等可以制作得更为精细，并且大屏的大范围视角使得用户的参与感更强，让这种形式的应用受到了广泛的认可。在未来它会得到更大规模的普及应用。

1.2　如何制作 AR

1.2.1　所需软件及辅助插件

制作 AR 根据具体项目及制作人员习惯的不同，可能会有不同的选择，这里所介绍的是本书中制作案例所用到的软件，也是较为主流的工具软件。

1. 引擎：Unity，制作 AR 主要使用的工具软件。

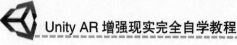

2. AR 软件开发工具包（ARSDK）：EasyAR，是制作 AR 的核心辅助插件。

3. 3D 美术软件：MAYA，用来建模、编辑模型 UV、编辑动画。

4. 平面美术软件：Photoshop，对模型贴图、UI 等平面图片进行处理。

1.2.2　AR显示基本原理

　　AR 画面中的在现实场景中出现的虚拟物体，是靠硬件的摄像头捕捉了现实画面，实时将其作为背景显示在一个面片上。

　　程序中的虚拟影像（3D 模型等）出现在背景画面的前方，由 AR 摄像头进行拍摄，这样把虚拟影像与现实画面合成在一起。通过相对的角度及位置关系，形成一个相对真实的画面。

1.3 Unity 与 AR

1.3.1　Unity引擎简介

Unity 引擎的全称是"Unity3D"，是一款基于三维空间的多平台综合开发工具。当前很多页游、手游、仿真项目、教学演示等都使用这款引擎进行开发。

AR 的开发绝大多数是通过 Unity 引擎来完成的，Unity 官方也表示引擎会加强对 AR、VR、MR 开发的支持。当前微软已经与 Unity3D 公司达成合作，将 Unity 引擎作为 hololens 的官方开发引擎。

1.3.2　EasyAR简介

如果把 Unity 比作厨房，各种资源是料理用的食材，那么制作 AR 的 SDK（软件开发工具包）就是菜品的配方。

制作 AR 的 SDK 有很多种，本书选择使用 EasyAR SDK 进行开发。通过几次版本升级后，EasyAR SDK 在稳定性、准确性上都达到了很好的效果，并且中文开发平台及文档对于国内用户来说更加便利。

从小型 AR 移动端 App 到为企业定制的 AR 大屏，EasyAR 都有着广泛的应用。官方提供的多种功能 demo 可以极大地提高 AR 的开发效率。

当然本书中所讲的制作 AR 的技术以及流程，包括但不仅限于 EasyAR 来制作。通过对方法流程的学习，根据个人习惯，也可使用 Vuforia 等其他类型的 ARSDK 进行开发。

第 2 章　注意事项（新手必看）

2.1　教程学习说明

本书分为三个部分：工具书部分、思路方法部分、案例流程部分。

常见的教学书籍往往需要读者从基础知识开始学起，在基础知识达到一定水平之后再开始学习相关案例。

AR 中所涉及的知识面较广，每一种基础知识的学习都要花费大量精力，这个过程是极其枯燥而漫长的。基础知识学习时间过长又缺乏练习会产生遗忘、学习兴趣减弱、记忆混乱等问题。

本书以遇到问题解决问题的理念进行编写教程。针对不同基础和目的的读者，阅读的方法也有所不同。

零基础读者在简要地浏览基础知识后可以直接进入到案例流程阶段，在跟随案例制作的过程中遇到的具体概念和操作可以在工具书部分进行查找。

读者可以随案例熟悉整体的流程，循序渐进地学习各个部分的知识，让知识之间的联系更加紧密。每个阶段制作出一个作品，能够让读者保持学习的热情。在这个过程中也锻炼了查找学习的习惯。

案例的学习请按照顺序进行，受篇幅所限，一些在前面案例中讲过的基础知识以及大篇幅的注意事项，在后面的案例中将不会重复占用篇幅讲解。

案例流程部分每一节的资料都会提供在网盘中，可以随时比对查看。

有一定基础的读者可以主要看 AR 设计及思路部分，在具体制作流程中选择性地查阅重点功能环节。

2.2　版本问题

在跟随本书学习的过程中，请大家将各种软件的版本与书中所使用的版本保持一致。

尤其是 Unity 版本，如果版本不一致，在学习的过程中，可能会出现代码过期，菜单面板位置与书中描述不符，导入资源失效等一系列的问题。

有读者会想，跟着教程版本学习，以后遇到其他版本是不是本书内容就不再适用了。

本书内容适用于所有版本，之所以要统一版本是因为刚开始学习时，由于相关知识储备不足，可能因为一个很简单的问题就完全阻断了继续学习的路。但当跟随本书学习完整个流程后，解决问题的能力会大幅提升，很容易分析出问题出在什么地方，应该怎么解决，此时再使用其他版本进行开发也没有什么问题。

在之前的教学中发现很多学习者有版本强迫症，习惯于随时将使用的软件升级到最新版本。但是在现实开发中，往往应选择最稳定的版本，而不是最新的版本，只要版本符合项目需求，就不需要频繁更换最新版本。

书中所使用的 Unity 版本为 5.5.2，EasyARSDK 版本为 1.3.1，MAYA 版本为 2017，Photoshop

版本为 Photoshop CC。

2.3 案例说明

本书挑选了 AR 技术中较为经典的三个案例：

涂色类AR案例：

- 实现效果：在涂色绘本上根据线框涂色后使用 AR 应用扫描会出现与纸上涂色相同的对应模型。
- 应用及拓展领域：幼教、手游、儿童游乐场大屏。
- 本案例知识点：1.AR 开发设计与传统软件的不同之处；2.建模基础；3.平面美术基础；4.编程基础；5.三维与二维坐标间的转换；6.AR 中不同专业协作的设计理念。

多卡互动案例：

- 效果：多张识别卡进行不同的组合产生不同的交互效果。
- 应用领域：幼教、游戏、仿真实验。
- 本案例所要学习的内容：1.多卡显示；2.碰撞器的使用；3.多卡互动。

恐龙博物馆AR互动大屏：

- 实现效果：虚拟的生物或者机械以高度的真实感出现在现实中与人进行互动。
- 应用及拓展领域：博物馆、体验馆、各种大型活动现场。
- 本案例知识点：1.如何在 AR 中表现虚拟物体的真实感；2.次世代模型的流程及标准；3.动画的制作及控制；4.如何设计 AR 交互方案；5.大屏 AR 的硬件选择；6.预算与报价。

2.4 随书附带资源

本书中的资源主要分三部分。

a. 软件安装包分流： 本书会提供书中所使用到的软件安装包，相关注册请大家自行购买，支持正版。

b. 随本书课程的源文件： 按照本书的课程流程，会提供主要案例部分的源文件供大家参考。

c. 常用资源及插件： 所有随书提供的资源及插件仅供学习使用，不得用作商业用途。

2.5 常见问题

在跟随本书学习的过程中，新手经常会犯一些错误，无法达成书中所描述的效果。

按照以往的教学经验，绝大多数只是一些很低级的错误，但由于新手经验不足而难以发现。当询问身边高手时候，由于知识层次不同，考虑角度有区别，别人也察觉不到问题，其实是一些非常低端的错误。

这里举出一些以往笔者教学过程中常见的简单问题，以便读者在后续学习中排查，避免由于低级错误浪费大量时间。

1. 抄错代码： 在新手学习的过程中，抄错代码的问题时有发生，最常见的是字母大小写抄错、标点符号使用了中文符号、多抄或者少抄了括号。

2. **硬件设备或者权限没有打开**：例如 AR 运行后不显示现实画面，经常是由于 App 权限中没有开启摄像头权限，或者外接摄像头没有打开。

3. **发布时场景选择错误**：在发布应用的时候，没有选择正确的场景而导致生成的 App 内容不同。

4. **公有变量并没有正确赋值**：公有变量往往通过面板上的拖动进行赋值，新手往往会忘记这步操作，导致程序运行时无法指定到对应的变量。

5. **程序在不同平台下运行的效果也有所不同**：例如 Android 系统内容需要以导出 App 后在 Android 手机上运行的实际效果为准，部分功能可能在 Unity 编辑器状态下试运行无法实现。

6. **命名有误**：有的新手在给资源文件、游戏对象、变量等内容命名时没有跟随书中命名而使用了新的命名，在后续的学习中却跟随课程代码进行书写，导致运行时找不到对应的内容。

7. **版本问题**：新手在学习中有四分之一的问题是因为没有跟课程保持版本同步。

第 3 章　Unity 基础

3.1　Unity 的获取与安装

3.1.1　获取Unity

登录 Unity 官方网站 https://unity3d.com/cn/，在网页上方单击"获取 Unity"。

在新打开的页面下方单击"Unity 旧版本"。

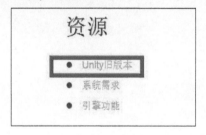

单击后在新打开的页面中找到"Unity 5.x"中的"Unity 5.5.2"。

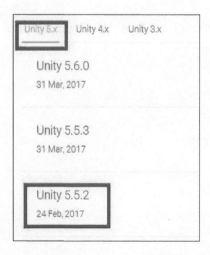

在页面中"Unity 5.5.2"的下方根据自己的系统选择要下载的安装包，建议下载对应系统中的"Unity 安装程序"。

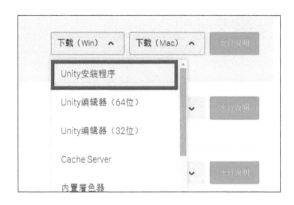

3.1.2　安装Unity

如果下载的是其他类型的安装程序，可能流程与以下步骤略有不同，在本节结尾处会对特殊情况进行说明。

1. 打开下载好的安装程序。

2. 单击"Next"进入许可页面，勾选接收许可，然后单击"Next"。

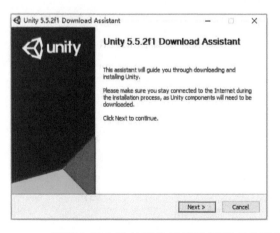
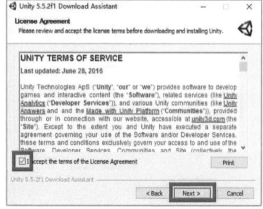

3. 根据自己电脑的操作系统选择相应的系统位数，可在电脑属性中查看。这里以笔者的电脑操作系统 64 位为例，勾选 64bit，单击"Next"。

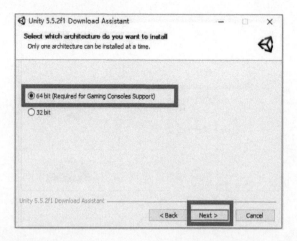

4. 在新面板中选择需要下载安装的 Unity 组件。此处给出跟随本书学习的推荐选项。单击"Next"。注意,如果是 Mac 主机,请多勾选一项"iOS Build Support"。

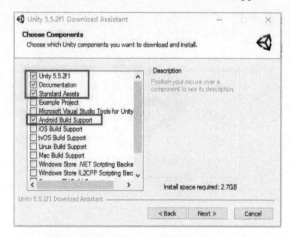

5. 选择下载路径以及安装路径,并单击"Next"进行安装。

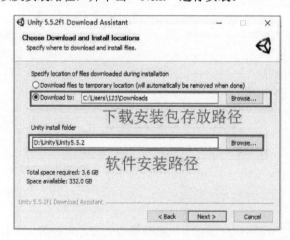

6. 这个过程中可能会弹出杀毒或防火墙之类提示,请注意这类选项以便安装顺利进行。

7. 安装完成后，注册并登录 Unity 账号，Unity 有免费个人版可以选择。

如果使用其他安装包，没有组件选择的选项，则安装后可以单独下载组件进行安装。

 ## 3.2　Unity 基础操作

3.2.1　Unity界面介绍

注册激活后打开 Unity，在窗口中单击"NEW"新建一个项目。

指定项目名称以及项目文件存放位置，单击"Creat project"创建项目。注意，项目名称以及文件存放路径中不要出现中文字符（中文状态下输入的文字以及符号等）。

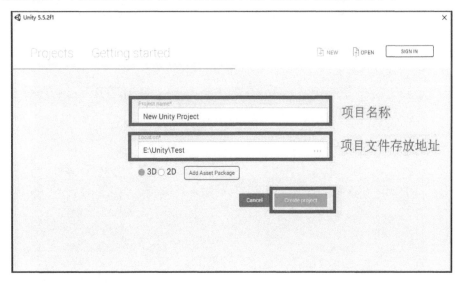

Unity 中最常用的模块有：菜单栏、场景面板 Scene、游戏运行面板 Game、项目资源管理面板 Project、场景资源管理面板 Hierarchy、检视（属性）面板 Inspector 以及控制台面板 Console。

除菜单栏外，其他模块都可以通过在模块名称上按下鼠标左键不放并拖动来进行移动和吸附等操作。

1. 菜单栏：Unity 主要的菜单按钮位置，可以通过编辑脚本来增加新的菜单和相应功能。

2. 场景面板 Scene：它是最主要的使用模块，类似于拍电影的场地，用于排布和编辑游戏中将要出现的内容。

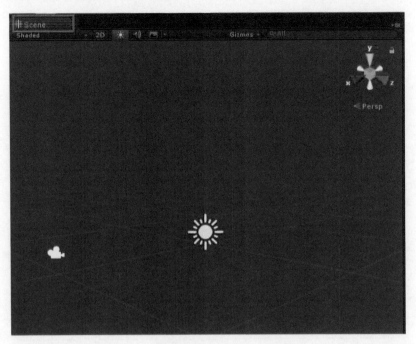

3. 游戏运行面板 Game：在 Unity 编辑器模式（Unity3D 软件中）下测试当前场景运行效果的模块。当单击上方的运行按钮（三角形按钮）时启动 Game 模块。

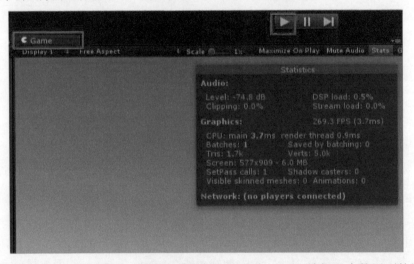

4. 项目资源管理面板 Project：用来存储和管理所有在 Unity 编辑器中使用到的资源，包括 3D 模型、平面图片、视频、音频、程序脚本、材质等。

5. 场景资源管理面板 Hierarchy：用来管理在场景中的各种元素，新场景中默认包含一个摄像机（Main Camera）和一个平行光源（Directional Light）。

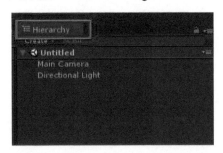

6. 检视（属性）面板 Inspector：用来显示选定元素的属性，修改属性，增减组件。

7. 控制台面板 Console：控制台模块用来输出一些测试结果以及系统提示报错等。

3.2.2　Unity基础操作

视角操作。在场景 Scene 模块中，当鼠标光标处于场景范围内时，可进行以下操作：

1. 控制视角平移：按下键盘上的 Alt 键不放，同时按下鼠标滚轮进行拖动。

2. 控制视角远近：按下键盘上的 Alt 键不放，同时按下鼠标右键进行拖动；或者直接滑动鼠标滚轮。

3. 控制视角旋转：按下键盘上的 Alt 键不放，同时按下鼠标左键进行拖动。

4. 观察游戏对象的适中位置：在场景管理面板中双击游戏对象。

游戏对象操作：选中要操作的游戏对象

1. 移动：按下键盘上的 W 键出现物体的移动工具轴，拖动轴向移动物体。

2. 旋转：按下键盘上的 E 键出现物体的旋转工具轴，拖动轴向旋转物体。

3. 缩放：按下键盘上的 R 键出现物体的缩放工具轴，拖动轴向缩放物体。

4. 移动到视角所在位置：在菜单栏中执行"GameObject"→"Align With View"命令。

面板操作：

1. 删除：选中面板中的元素，单击鼠标右键，在弹出的菜单中选择 Delete，或按键盘上的 Delete 键。

2. 复制：选中面板中的元素，按下键盘上的 Ctrl+D 组合键。

3. 重命名：选中状态下单击名称位置，或者单击鼠标右键，在弹出的菜单中选择 Rename。

3.2.3　游戏对象与组件

Unity 场景资源管理面板 Hierarchy 中出现的所有内容都可以称为游戏对象。例如场景中的模型、灯光、相机等。游戏对象可以有层级关系，单击前方的小三角，展开该游戏对象的子物体。

检视面板中，游戏对象名称前的钩决定了它的激活状态，不勾选则相当于不让游戏对象出现在场景中。

选中游戏对象时，在检视面板 Inspector 中看到的每个模块就是游戏对象的组件。组件可以是碰撞器、脚本、材质等。组件可以通过单击前方的三角来展开或收起属性面板。

3.2.4　Unity常用的游戏对象

创建游戏对象：在场景资源管理面板 Hierarchy 中，单击"Create"或在面板空白处按下鼠标右键，在弹出的创建菜单中选择，或者直接从资源管理面板中拖动进来。

1. 3D 模型"3D Object"：Unity 项目中的 3D 模型一般是根据项目需求通过 3D 建模软件制作的，Unity 中创建的 3D 模型一般仅用来做测试，在创建菜单中选择"3D Object"进行创建。

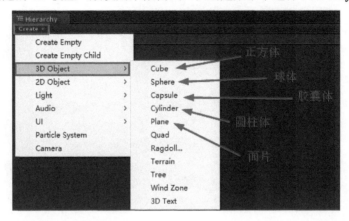

2. 空物体：空物体在 Unity 程序开发中经常用到，只具备空间中的位置属性，通常用来作为场景中的管理器（例如脚本管理器，将脚本都挂载在空物体上进行统一管理）或定位器。在创建菜单中选择"Creat Empty"进行创建。

3. 摄像机"Camera"：游戏运行时看到的画面主要来自于摄像机采集的场景图像。在创建菜单中选择"Camera"进行创建。

4. 灯光"Light"：为游戏场景提供照明。在创建菜单中选择"Light"进行创建。

5. UGUI：为程序提供界面元素，例如界面上的图片、文字等。在创建菜单中选择"UI"进行创建。

3.2.5　Unity常用组件

添加组件：选中物体，在检视面板中找到"Add Component"可以添加组件，或者找到在项目资源管理器中的组件拖动给物体。

1. 材质"Material"，在 Unity 中用来显示模型的基础组件，通过改变材质的着色器"Shader"，可以切换不同的模型显示效果和改变对模型贴图的利用情况。

创建材质：在项目资源管理面板 Project 中，执行"Create"→"Material"命令。

2. 碰撞器组件"Collider"，碰撞器将给所依附的游戏对象带来碰撞检测的效果。有时需要跟刚体组件"Rigidbody"配合使用。

3. 刚体组件"Rigidbody"，给游戏对象增加重力等物理属性。

4. 声音源组件"Audio Source"，用来在场景中播放声音，这个声音并非运行时直接听到的声音。

5. 声音侦听器"Audio Listner"，在程序运行时检测场景中的声音，好比场景中人的耳朵，程序运行时直接听到的声音是通过声音侦听器传输的。

6. 脚本组件：编写好的脚本，依附在物体上时就作为物体的脚本组件。

3.2.6 帧的概念

帧其实就是刷新率，举最简单的例子，电影之所以会动，是因为胶片中的画面在切换，每秒钟切换多少个画面也就是每秒钟切换了多少帧。

同样，程序中每秒执行多少次刷新，就是每秒多少帧，在 Unity 的编程中常常会涉及帧的概念，脚本中有两个常用的关于帧的函数：Update 与 FixedUpdate，这两个函数都是每一帧执行一次，但是它们所用的帧概念不同。

Update 的所依据的是画面的刷新帧，与运行的硬件本身的性能有关，硬件性能好则每秒刷新的帧数较多，机器差则每秒刷新的帧数就少。因此，用到这个帧的概念一般是在截图等情况下。

FixedUpdate 所依据的是固定的刷新帧，在 Unity 中每秒 30 帧，无论硬件性能如何，这个刷新率都是固定的，因此一般在做计时的情况下使用 FixedUpdate。

3.3 Unity 资源获取

3.3.1 资源制作

在 AR 项目策划好之后，需要根据策划案来制作各种资源，把需求交给对应的人员（建模师、动画师、平面美工等）。

3D 模型由 3D 美工制作，常用 3ds Max、MAYA 等软件来建模，Zbrush 处理中间的高模雕刻过程，最后使用 Sbustance、Photoshop 等软件制作模型的贴图。最常用到的 3D 模型一般使用 Fbx 文件，模型贴图一般使用 tga、png 格式。

平面图片主要由平面美工制作，使用最多的是 Photoshop 软件，图片格式根据需求的不同而不同，一般使用 png 格式居多，尽量不要使用 jpg 格式图片。

音频一般由专业的配音工作室进行制作，如需要可用 Cool Edit、Audiotion 等软件进行编辑处理。常用 wav 或 mp3 格式。

制作好的资源直接拖入 Unity 项目资源管理面板 Project。

3.3.2　Unity资源商店

单独制作 AR 资源需要花费大量的精力和财力，Unity 官方提供了一个非常方便的资源平台，可以在其中找到一些自己想要的资源进行下载，这样极大地减少了项目制作的周期和费用。也可以将自己制作的资源上传进行售卖。

在 Unity 中打开菜单栏 Windows 中的"Asset Store"。

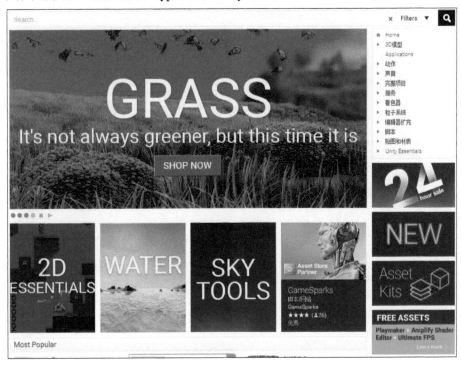

在这个界面中可以查找各种类型的资源进行下载，有免费资源，也有收费资源，在购买下载前一定要仔细阅读资源的介绍。收费资源需要你的账户中绑定对应的国外银行卡。

如果只有国内储蓄卡，最简便的方式是注册一个 Paypal 账号（类似于国内支付宝），用 Paypal 与你的银行卡相关联，然后使用 Paypal 绑定 Unity 账户进行支付。

3.4　C#脚本基础

3.4.1　C#脚本基本结构

在 Unity 中编写程序一般使用 C#语言（"#"读作"sharp"）。用来编写 C#语言的文本文件就叫作 C#脚本。

新建 C#脚本：在资源管理面板中执行"Create"→"C# Script"命令。

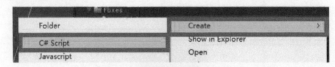

双击打开脚本，当前脚本中出现的就是 Unity 定义好的初始 C#脚本。其基本结构如下。

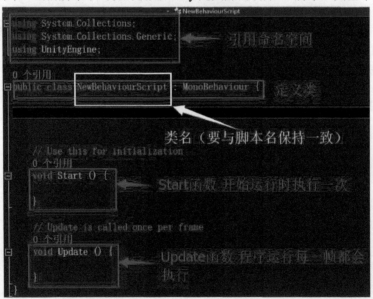

命名空间是引用一些封装好的内容，这样才可以在脚本中使用一些定义。比如要在脚本中使用 Image 类型，就必须引用 UGUI 的命名空间 using UnityEngine.UI;。

在定义类的位置需要注意 C#脚本的类名必须同脚本文件的名字相同。"MonoBehaviour"是继承的类。简单地说，因为这里继承了"MonoBehaviour"，脚本才有了可以拖动并依附给场景中游戏对象的功能。

花括号"{ }"，它规定了类、函数、语句的内容范围。当它们执行的时候，写在花括号里的内容才会被执行。

括号"（）"，用来规定参数、条件等内容的书写范围。

双斜杠"//"，用来定义注释，双斜杠所在的这一行是不会被运行或者编译的。临时不需要的代码我们也可以用这种方法让它暂时失效。

Start 函数：写在 Start 函数中的代码，在脚本开始运行的时候执行一次。

Update 函数：写在 Update 函数中的代码，程序运行的每一帧都会执行。初学者可以理解为程序运行时一直在执行。

3.4.2　函数（方法）

函数也叫作方法，可以看作脚本中的一个模块，能够实现特定的功能。

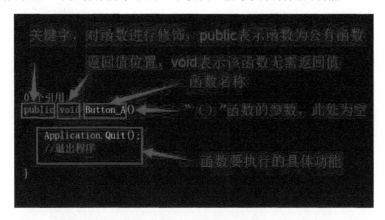

这个函数中，public 是对函数进行修饰，表示函数为公有函数，可以被其他脚本调用。

void 位置是函数返回值，返回值可以简单理解为：当把函数看作一个算式时，返回值就是计算结果。这里 void 代表该函数不需要返回值，只是单纯执行函数中的命令。

函数名称由自己定义，但不能使用系统已经定义好的默认名称。

"()"为函数的参数，不填写则代表该函数不使用参数。

Application.Quit(); 是退出程序的命令，也就是说，当调用 Button_A 这个函数时，就会退出程序。

3.4.3　变量

变量是编程中的一个抽象概念，可以自己定义一个名称来代表某一个类型的数据。Unity 中常用来引用或者存储一些具体的对象。

例如，Unity 场景中有一个人物模型，现在要使用代码控制人物进行旋转，那么代码和模型之间需要建立一种联系。

此时可以在脚本中申请一个变量：

```
public GameObject Person_A;
```

其中，GameObject 是这个变量的类型，游戏对象类型。

Person_A 是我们自己给这个人物模型定义的变量名称。将人物模型指定给这个变量后，在脚本中 Person_A 就代表人物模型，所有对 Person_A 下达的命令就是对这个人物模型下达的命令。

public 是关键字"公有",在这里最直接的意义就是能够让这个变量在 Unity 的检视面板中显示出来,便于将变量与具体模型之间达成联系,也就是方便给变量赋值。

新建一个脚本,声明变量,保存脚本,把脚本拖动到场景资源管理面板 Hierarchy 中任意一个游戏对象上,查看这个游戏对象的检视面板,检视面板脚本属性中出现了这个公有变量,将模型拖动到变量后方的方框中,就完成了变量的赋值。

```
using System.Collections;
using System.Collections.Generic;
using UnityEngine;

public class NewBehaviourScript : MonoBehaviour {

    public GameObject Person_A;

    // 用于初始化
    void Start () {

    }

    // Update 每一帧调用
    void Update () {

    }
}
```

变量之所以称为变量,是因为它指代的内容是可以变化的,如果给 Person_A 指定的不是刚才的人物模型,而是汽车模型、灯光等其他游戏对象,那么 Person_A 在代码中所指代的就是汽车、灯光等这些具体对应的对象。

变量的类型有很多,不同的变量类型可以代表的内容也不同。常见的变量类型如下。

- GameObject:游戏对象,可以指代场景面板中出现的任何元素。
- bool:布尔类型,布尔类型只有两个值,即 true(真)、false(假)。
- Int:可以理解为整数类型。
- float:浮点数类型,可以理解为小数类型,浮点数的值末尾要添加 f。
- texture:普通纹理类型,可以理解为普通图片。
- sprite:UGUI 中用到的精灵图片类型。

以 bool 及 float 类型变量为例。申请两个变量,这类变量最好在申请的时候就给予赋值。

```
public bool B_A=false;
public float F_A=5.6f;
```

此时 B_A 这个变量在代码中就代表 false(假),F_A 这个变量在代码中就代表 5.6 这个数。

将脚本附给场景资源管理面板中的游戏对象,则可以在游戏对象检视面板中看到这两个变量。

变量的值可以直接在检视面板中进行修改，并且变量的值优先以面板为准。例如，在面板中将 F_A 改为 9.33，则代码中 F_A 所代表的值就是 9.33 这个数。

这些变量也可以通过代码中的计算及赋值进行动态改变。

3.4.4   计算与赋值

编程中的计算与普通数学中的计算类似，常用的加减乘除分别用"+"、"–"、"*"、"/"四种符号。

给变量赋值直接使用等于号"="。

例：申请浮点型变量。

```
public float F_A=5.0f;
```

此时 F_A 就代表 5 这个数字。然后通过计算给它赋予一个新的值。

```
F_A=2.0f*3.3f;
```

执行这段代码后，此时 F_A 这个变量就代表 6.6 这个数字。

常见的计算方法还有"++"、"--"。"++"每次执行会对变量执行加 1 的操作。"--"每次执行会对变量执行减 1 的操作。

例：

```
public int i=5;
```

此时 i 的值为 5，然后若执行 i--；则 i 的值变为 4。

3.4.5   if 语句

if 语句是编程中最常见的代码，是首先判断条件，当条件满足时则执行具体命令的一段代码。具体格式为：

```
if(条件){要执行的具体命令}
```

判断条件常用的符号有"=="和"！="。"=="用来判断符号两边的值是否相同，如果相同则条件成立。"！="用来判断符号两边的值是否不同，如果不同则条件成立。

还有判断范围条件的符号">"和"<"，">"符号左边的值如果大于右边，则条件成立。"<"符号同理。

无论如何判断，其实条件的结果都是布尔值，即满足条件时结果就是 true（真），不满足条件则结果为 false（假）。

例如：

1==2，符号"=="两边的值显然不等，那么"1==2"就不满足条件，也就是说，"1==2"这个条件的值是 false。

5>3，符号"＞"左边的数大于右边，则"5>3"满足条件，也就是说，"5>3"这个条件的值就是 true。

例如：申请两个变量，一个为布尔变量，另一个为整数变量。

```
public bool B_A=true;
public int I_A=5;
```

如果运行下方这个 if 语句，则条件"B_A==true"中由于 B_A 这个布尔变量的值为 true，所以"B_A==true"这个条件是成立的，因此会执行"I_A=7"这段代码，把 I_A 这个变量的值变为 7。

```
if(B_A==true){ I_A=7; }
```

如果运行下方的这个 if 语句，则条件"B_A==false"并不成立，所以无法运行其中的代码"I_A=9"，无法对变量 I_A 进行赋值。

```
if(B_A==false){ I_A=9; }
```

如果条件本身就是布尔值，则无须使用判断符号，例如：

```
public bool B_A=true;
public int I_A=5;
```

if 语句可以写作 if(B_A){I_A=12;}，如运行这个 if 语句，则由于条件中的 B_A 本身值为 true，则条件达成，可以执行其中的代码"I_A=12;"对 I_A 进行赋值，此时 I_A 的值就是 12。

3.5 坐标系统

3.5.1 世界坐标系

Unity 的世界坐标是 X,Y,Z 三个方向的三维坐标。世界坐标有一个原点（0,0,0），通过这个原点沿着三条轴向周围扩展为整个 Unity 场景世界。

Unity 场景中对象的基本属性为 Transform，定义了游戏对象在场景中的空间属性，也就是游戏对象的轴心在场景世界中的坐标点。

3.5.2 屏幕坐标

屏幕坐标是只有 X,Y 两个方向的平面坐标，Unity 中的屏幕坐标原点为屏幕的左下角，终止于屏幕的右上角。

以 800×600 分辨率的屏幕为例，屏幕的四个角坐标分别为左下角（0,0）、左上角（0,600）、右下角（800,0）、右上角（800,600）。

3.5.3　简单的坐标转换

一个游戏对象，在三维空间中有一个（*X,Y,Z*）的三维空间属性。同时它也是被显示在屏幕这个二维坐标体系中，在二维坐标系中它同样有一个二维空间位置，即屏幕坐标。

这里以球体为例，它的三维空间坐标是可以通过 Transform 组件获取的，当前为（5,4,3）。

如果显示在 800×600 分辨率的屏幕中，那么此时这个镜头中，它在屏幕坐标系中的坐标就为（600,400）。

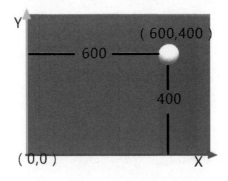

游戏对象的三维坐标可以通过它的 Transform 组件获得，而它的屏幕坐标则跟屏幕的分辨率、当前的视角有关，不是能够直接获取的，所以当获取屏幕坐标时，要通过它的世界坐标进行一些计算来获取。

3.6 UI 基础

3.6.1 UGUI简介

UI 是 User Interface 的简称，也就是用户界面。在 Unity 中 UI 主要是指显示在屏幕上的这些界面元素，比如按钮、滑动条、图片等。

UGUI 是 Unity 官方自带的 UI 系统。常用的 UI 系统还有 NGUI。

在场景资源管理面板 Hierarchy 中执行"Create"→"UI"→"Button"命令，创建一个基本的 UI 元素——按钮"Button"。

此时创建出了三个元素，"Canvas"是整个 UI 界面的范围，也叫作 UI 画布。"Button"是按钮。"EventSystem"是一个输入模块，UGUI 的辅助工具。

画布 Canvas 是 UGUI 的标准范围，同时 UGUI 中的元素都是以 Canvas 为基准来定位的。

可以把 Canvas 看作一个贴在摄像机屏幕上的透明玻璃板，在它上面出现的各种 UI 元素同时等于贴在了摄像机屏幕上。

常用的 UGUI 元素有：图片"Image"、文本"Text"、按钮"Button"、输入框"InputFile"。

3.6.2 屏幕自适度

屏幕自适度是用来解决由于屏幕分辨率差异而造成显示错误的调节方法。

开发 AR 时与实际发布后使用时的屏幕分辨率可能是不同的，由于屏幕分辨率不同，可能导致显示出的 UI 元素位置错乱，长宽比例失调。

开发 AR 时 Unity 引擎中所使用的屏幕分辨率在游戏运行面板 Game 中查看和更改。单击下方的加号可以增加新的分辨率模式。

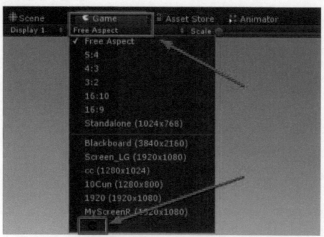

举例说明一下，当前开发使用 800×600 分辨率。创建六个按钮"Button"、一张图片"Image"

和一个文本"Text"。当前的设计是按钮在左右两边，图片居中，文本显示在上方。

如果使用 800×600 分辨率的屏幕运行这个程序，则 UI 显示正常。

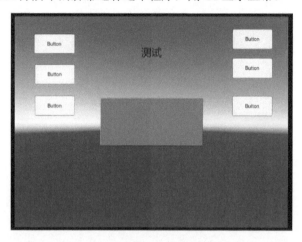

如果不做任何屏幕自适度的设置，此时使用 500×300 分辨率的屏幕，显示效果如下。按钮与文本组件已经无法显示在屏幕中。

如果不做任何屏幕自适度的设置，此时使用 1500×1000 分辨率的屏幕，显示效果如下。所有内容都堆在了屏幕的中心位置，完全与设计不符。

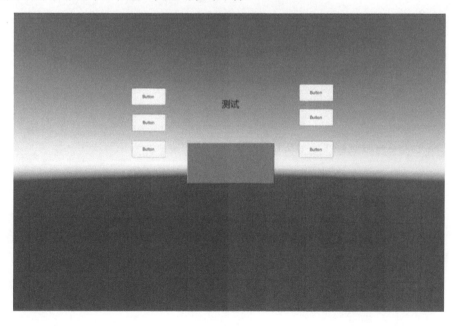

如果经过恰当的屏幕自适度调整，使用 500×300 分辨率的屏幕后，运行情况如下。

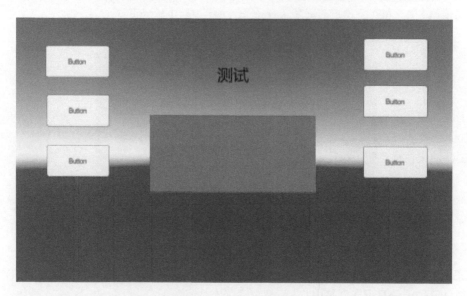

经过恰当的屏幕自适度调整，使用 1500×1000 分辨率的屏幕后，运行情况如下。

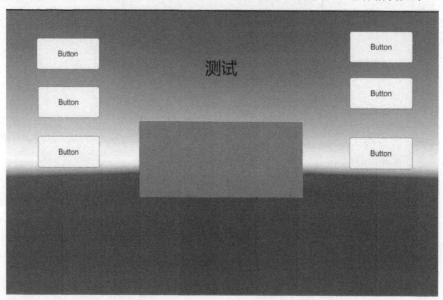

可以看出，在经过屏幕自适度调整后，无论使用大分辨率还是小分辨率的屏幕，对界面的影响并不大。

3.6.3 调整屏幕自适度

本节内容以 UGUI 为例，在开始自适度调整前需要先把 Canvas 属性中的渲染模式 "RenderMode" 调整为 "ScreenSpace" → "Overlay"，保证 UI 直接渲染覆盖在镜头上。

调整屏幕自适度主要有两个方面：Canvas 组件的缩放属性和 UGUI 元素的锚点位置。

1. Canvas 组件的缩放属性，在组件 "Canvas Scaler" 中。

　　a. 找到 UI 缩放模式 "UIScaleMode"，选择根据屏幕的尺寸进行缩放 "Scale With Screen Size"。

　　b. 在默认分辨率 "Reference Resolution" 中填入开发时所使用的分辨率（Game 视图中选择的分辨率）。

　　c. 在屏幕匹配模式 "Screen Match Mode" 中，根据宽或高进行匹配 "Match Width Or Height"。

2. UGUI 元素的锚点位置。

　　UGUI 元素的锚点，决定了当屏幕尺寸发生变化时，它们位置移动的标准点。如果不理解的话，只要简单记住锚点一般根据就近原则来确定，例如，按钮在屏幕的左上角，那么就把按钮的锚点定位在左上位置。

　　选中一个 UGUI 元素，可以在它的监视面板中看到锚点图标，单击后展开，可以选择锚点位置。

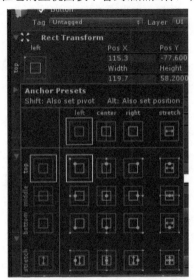

　　需要注意就近原则中的 "就近"，是指选定的 UI 元素与其父级物体的位置关系。

　　例如按钮 "Button" 是一张图片 "Image" 的子物体。

虽然按钮靠近屏幕的左上角，但是它与父级图片的关系是在右下角，此时根据就近原则应该将按钮的锚点定位在右下角，图片的锚点定位在左上角。

3.6.4　Image与Text

Image 用来显示图片，注意图片需要设置为精灵模式，才可以附给 Image。

例：将图片拖动到项目资源管理面板 Project 中，在属性中的纹理类型"Texture Type"中选择精灵模式"Sprite"，单击下方的"Apply"确认更改。

变为精灵格式的图片会出现一个小三角，此时就可以附给 Image 使用。

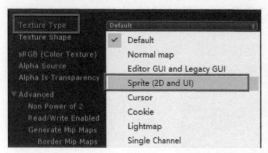

新建 Image，将精灵图片拖动到属性的图片源"Source Image"中，此时 Image 显示出了图片内容。

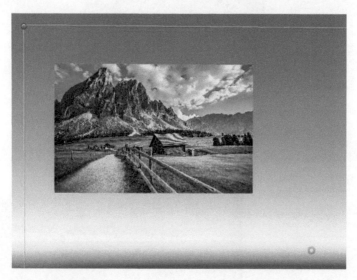

Text 用来显示文字，在检视面板中，在"Text"文本框中输入要显示的文字内容。

"Font"是文字的字体
"Font Size"是文字大小
"Alignment"是对齐方式
"Color"是文字的颜色

勾选"Best Fit"文字会根据 Text 本身的大小来进行缩放，但是最大的尺寸由"Font Size"决定。

3.6.5　按钮（Button）

按钮（Button），单击可以触发一些编辑好的事件。

按钮上的纹理可以通过给按钮组件的"Source Image"指定精灵图片来进行更改。

按钮上的文字在子物体 Text 上进行修改，如果按钮显示的图片中已有文字，则可以将按钮的 Text 子物体取消或者删除。

按钮的点击事件在"On Click ()"中进行设置，先在脚本中编辑好功能函数，把这个脚本附给场景中的一个游戏对象。单击"On Click ()"下方的加号"+"，增加一个对象栏，将脚本所依附的物体拖动进去，在后方选择对应的功能函数，这样按钮点击事件就配置完成。运行程序，单击按钮时就会执行相应的功能。

第 4 章 EasyAR 基础

4.1 获取 EasyAR

1. 进入 EasyAR 官方网站：www.easyar.cn，注册一个账户。

2. 在下载页面，找到历史版本，下载 EasyAR SDK v1.3.1 Unity Samples（本书提供资源中有），注意此处下载的并非单纯的 EasyAR SDK v1.3.1，而是官方的样例 Samples。

下载EasyAR SDK v1.3.1 Unity Samples
EasyAR_v1.3.1_UnitySamples_2016-07-29(643M

3. 将下载的 "EasyAR_v1.3.1_UnitySamples_2016-07-29.zip" 文件解压。

4.2 EasyAR SDK 基本配置

1. 打开 Unity，单击 "OPEN"，打开 EasyAR 的基础样例。

2. 打开解压文件夹中的 "HelloAR"。当弹出对话框询问是否升级时，选择 "Upgrade"。

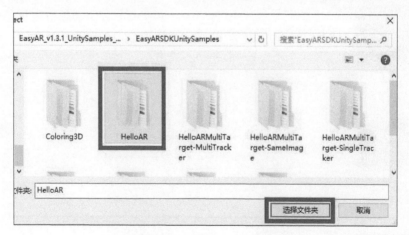

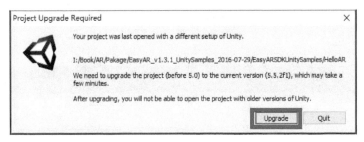

3. 打开 Unity 后，在资源管理面板 Project 中按文件夹层级"HelloAR"→"Scenes"找到 HelloAR 场景文件，双击进入。此时场景中有三张识别图以及对应物体。

4. 在场景资源管理面板 Hierarchy 中，可以看到 AR 相机"EasyAR_Startup"，单击选中它，在检视面板中会出现相应的属性，其中"Easy AR Behaviour"组件中有一个 Key 的输入框，这里需要输入 AR 秘钥才能激活 AR 相机。

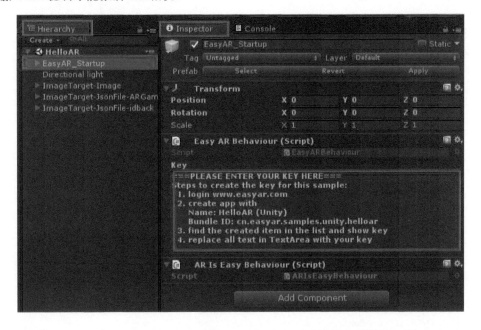

5. 回到 EasyAR 官方网站获取 AR 秘钥，进入开发页面选择创建应用，输入应用名称以及

BundleID，Bundle ID 的格式为：com.公司名.应用名，公司名及应用名必须为英文。例如：com.easyar.demo。

6. 在创建好的应用的"查看 Key"位置单击，找到"EasyAR SDK 1.X"，并选择"查看"。

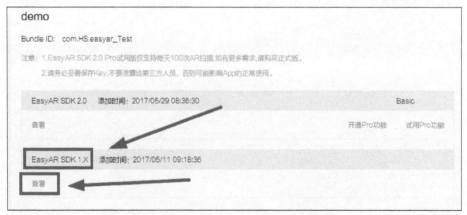

7. 把这段 AR 秘钥复制到步骤 4 中所示的 AR 秘钥输入框中。然后单击运行按钮即可测试效果。注意，此时电脑必须连接摄像头，并且保证摄像头为开启状态。

8. 将识别图放在摄像头区域内，则出现对应的 AR 效果。

第5章　应用发布

以 EasyAR 的 demo "HelloAR" 为例。

打开发布设置面板，在菜单栏中执行 "File" → "Build Settings" 命令。

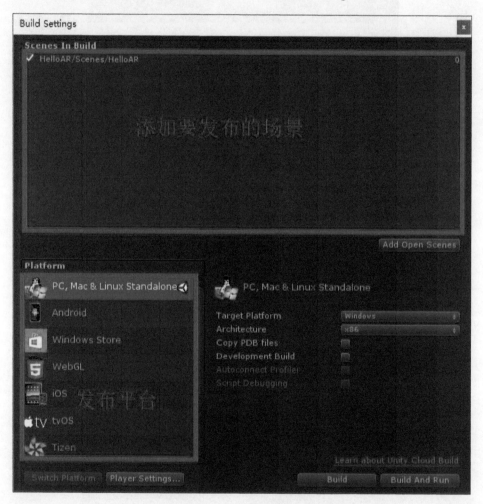

首先配置要发布的场景，可以将要发布的场景拖动到上方的发布场景区域内，或者单击 "Add Open Scenes" 添加当前所处的场景。

不需要的场景可以在选中后按 Delete 键或者退格键删除。

通过拖动调整场景的发布，排在最上面的场景是程序运行后打开的默认场景。

在发布平台的位置选中对应的平台，单击下方的 "Swich Platform" 按钮进行平台匹配。

如果未安装对应的平台组件，右侧会出现下载平台组件的提示，进入页面后下载安装。以 iOS 平台为例，如下图所示，单击提示的 "Open Download Page" 进行下载。

5.1　Windows / Mac 平台发布

如果没有匹配过平台，Unity 会默认当前发布平台为 Windows/Mac。

按面板下方的 PlayerSettings 键，检视面板中会出现发布配置，主要的配置选项有：

公司名：Company Name。

产品名：Product Name，产品名就是程序的名字，会记录在程序的备案信息中，跟程序快捷方式的名字不同。

分辨率：在 Resolution and Presetation 面板中找到 Display Resolution Dialog 选项。

选择 Enabled，发布后的程序在打开后会先进入到选择分辨率界面。

选择 Disable，打开发布后的程序会直接进入到默认的分辨率界面中。

程序图标：Icon。

勾选后将作为图标的图片拖动进来。

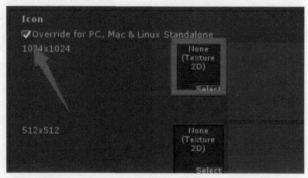

程序启动画面：Splash Image。

在专业版中可以取消 Unity 字样的程序启动画面，个人版则不能取消。

设置好之后，回到发布面板，单击"Build"，选择发布路径与文件名称进行发布，这里的文件名是程序快捷方式的名字，例如命名为"ARTest"则得到如下文件，在窗口运行的效果如下。

ARTest.exe

ARTest_Data

 5.2 Android 平台发布

建议 Android 平台使用 Windows 系统发布，本节以 Windows 系统发布 Android 为例。

打开发布面板，选择"Android"，单击"Switch Platform"匹配平台。

发布 Android 平台还需要安装 Android 环境，在 Unity 中虽然安装过 Android 平台组件，但是这个组件只是表示能够支持 Android 平台的 Unity 环境，并不能直接导出最终的 Android App。

Android 环境的配置其实很麻烦，笔者将过程简化到最低，安装配置 SDK 与 JDK 即可。

一般从网上下载的 SDK 压缩包都需要进行二次更新，建议新手不要在网上自己寻找，直接使用随书的资源。将下载后的 SDK 压缩包解压备用。

安装 JDK，JDK 在网上下载，或使用随书的安装包都可以。在安装前请先创建两个文件夹，因为 JDK 的安装过程需要指定两次安装路径，一次是 JDK，另一次是 Java。把这两个分开能保证后续的配置不容易出现问题。

在 Unity 的菜单栏中执行"Edit"→"Preference"命令，在"External Tools"中指定路径。

给 SDK 指定路径：解压的 SDK 保证其一级文件夹中包含 SDKManager，将路径指定到这一级文件夹即可。

给 JDK 指定路径：打开后系统可能会自动指定到系统文件中的 JDK 位置，直接确认即可。如果系统没有自动指定，则需要指定到安装 JDK 时第一次选择路径的文件夹中。

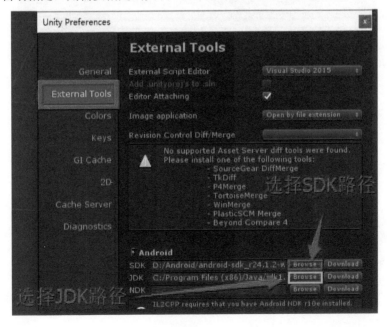

此时发布 Android 的环境算是配置完成，回到发布面板，单击"PlayerSettings"，在检视面板出现发布 Android 平台的发布选项。

比较重要的选项有：

1. 公司名"Company Name"，产品名"Product Name"。

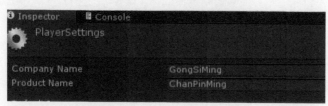

2. 旋转方向：决定了程序运行时画面固定在移动端设备的哪个旋转方向，在"Resolution and Presentation"的"Default Orientation"中。

建议使用左向固定"Landscape Left"，右向固定为"Landscape Right"，随手机陀螺仪自动旋转为"Auto Rotation"(不建议自动旋转)。

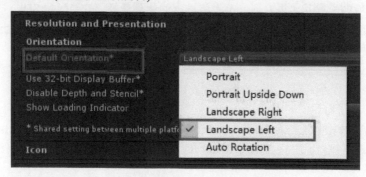

3. App 图标：Icon。

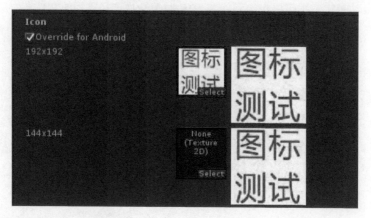

4. 程序启动画面：Splash Image。

Unity 个人版无法取消 Unity 字样的启动画面。

5. Android App 包名（重点注意）。

在"Other Settings"中，包名的格式为 com.公司名.项目名。

需要纯英文填写，在发布 AR 的时候，需要注意这里的包名必须跟 AR 相机中填写的密钥所对应的包名保持一致。

　　例如，这个项目中所使用的 AR 密钥，在 EasyAR 官方开发者模块中包名填写的是"com.HS.easyar_Test"。

yR0z4dQoYYUUNyr6mH1rXXLZJ2lESEkgLlpwVs0Z1s9ewzMttlr8TqiH1rNVwmaNbdXuSAuwzYrkarzcwAn7l60ejX8HcvmAr4SH85f27fdb983a632b68047583 19c8ca27YS8GJuR7GaHDeO3OIX78ASTbUTSYP1OPIjRTHDBHenLhE0tHiddeHqcdPjChu0bjF8po

　　那么在发布设置中的也同样是这个内容。

　　6. 渲染模式。

　　发布 EasyAR 的 SDK 制作的 App 时，渲染模式要取消"Auto Graphics API"，并且选择"OpenGLES2"。

　　这样，Android 的发布设置就配置结束了，回到发布面板单击"Build"进行发布，如果出现提示 Android 版本较低的对话框，单击"Continue"。

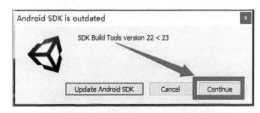

　　将生成的 APK 文件发送给 Android 设备进行安装。

打开 App 前请确认这个 App 的摄像头权限已经开放。

5.3　iOS 平台发布

发布 iOS App 之前，请先选择需要发布安装的设备，以 iPad 为例：将 iPad 连接在 Mac 机上，打开项目。

单击 "File"，选择 "Build Settings…"，如下图所示。

可以看到，系统一般默认匹配的是 Windows/Mac 平台，如下图所示。

　　选择 iOS 平台，单击"Swith Platform"按钮，完成 Unity 编辑器配置 iOS 平台的操作，如下图所示。

　　然后单击"Player Settings…"，在 Inspector 检视面板中，在"Company Name"栏目中填写"com.HelloAR.demo"的信息，该填写的信息需要与在 EasyAR 官网申请 Licence Key 时的"Bundle ID/Package Name"的信息保持一致，如下图所示。

应用名称		创建时间	Licence Key	Bundle ID(iOS) Package Name(Android)		删除
HelloAR		2017-05-26	隐藏	com.HelloAR.demo		

单击"Resolution and Presentation"分辨率和描述选项，该选项是用来设置屏幕显示的方向，在"Default Orientation*"的下拉菜单中有五项可供选择：Portrait（纵向），Portrait Upside Down（纵向倒置），Landscape Right（右横向），Landscape Left（左横向），Auto Rotation（自动旋转），建议选择"Landscape Left"表示向左横向版面显示，如下图所示。

Icon 栏目用来进行图标设置，需要注意的是，如果在这里放置图标，则图标不要出现 Alpha 通道，简单地说，就是这个图标不要出现透明信息，如下图所示。

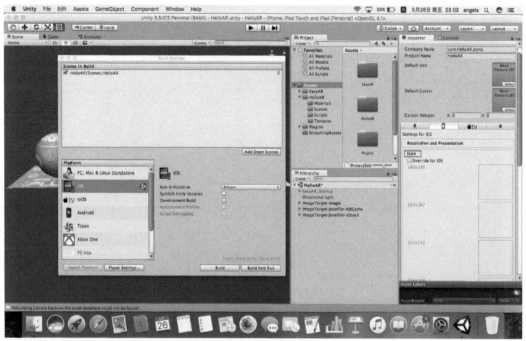

然后单击"Other Settings"栏目的"Rendering"→"Auto Graphics API"，将 Graphics APIs 设置为 OpenGLES2，如下图所示。

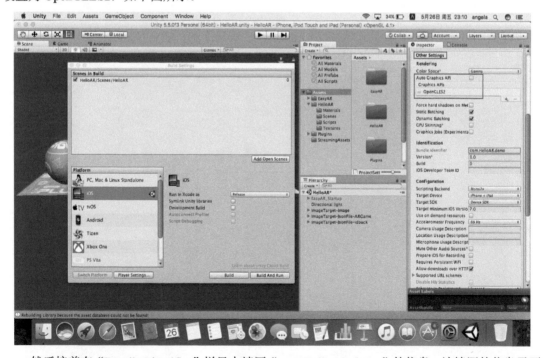

然后接着在"Bundle Identifier"栏目中填写"com.HelloAR.demo"的信息，该填写的信息需要与 EasyAR 官网申请 Licence Key 时，在"Bundle ID（iOS）/Package Name（Android）"的信息保

持一致，如下图所示。

应用名称	创建时间	Licence Key	Bundle ID(IOS) Package Name(Android)	删除
HelloAR	2017-05-26	隐藏	com.HelloAR.demo	

然后在 Configuration 里面的"Target Device"选项的下拉菜单中，选择现有的设备，例如没有 iPhone 设备，只有 iPad 设备，请选择"iPad Only"，不要选"iPhone+iPad"设备，如果两个设备全选，而没有某个设备的话，最后在发布时，会造成很多麻烦。该案例中使用 iPad 设备发布，所以选择"iPad Only"，然后其他的选项保持系统默认即可。

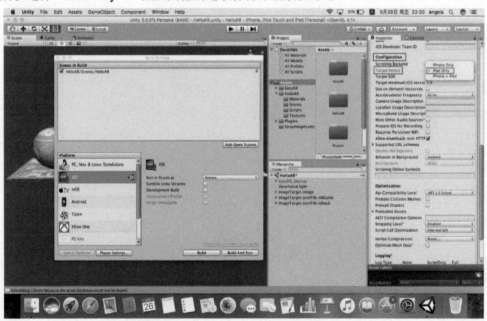

单击"Build"导出，如下图所示。

在弹出的窗口中的"Save AS"栏目里填写名称，在"Where"栏目中选择存储文件的路径，"Tags"栏目中选择需要标注的颜色，然后单击"Save"保存，如下图所示。

备注：理论上用 Windows 系统也能导出 Xcode，再使用 Xcode 的文件去做编译，实际上强

烈建议不要这样做，因为这样做是一个事倍功半的结果，基本上绝对会出问题，而且导出的过程也非常漫长，此时导出的只是 Xcode 文件，并不是一个 iOS App。

发布完以后，桌面上出现了对应的 Xcode 的文件，就是这个保存命名为"HelloAR"的文件夹，如下图所示。

找到 Xcode 应用程序，Xcode 是苹果公司向开发人员提供的集成开发环境（非开源），用于开发 Mac OS X，iOS 的应用程序，注意一下，使用的 Xcode 应用程序一定不是 Xcode-Beta 版本的，如果用 Xcode-Beta 版本发布会有问题，请使用正式版的 Xcode 进行发布，打开"Xcode"，如下图所示。

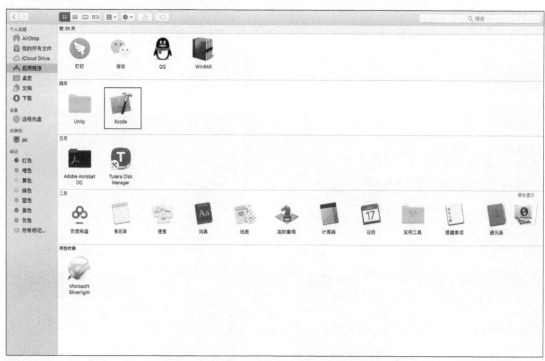

如果没有安装可以单击"App Store"，在搜索栏里输入 xcode，安装即可，如下图所示。

双击"Xcode"应用程序以后，在弹出的界面中选择"Open another project..."，如下图所示。

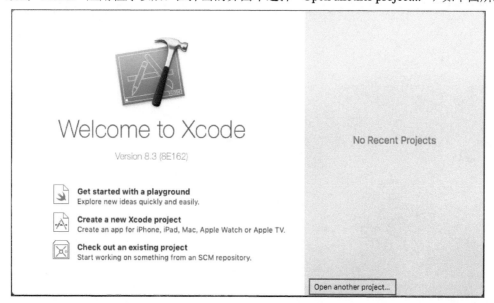

选择"Desktop"，单击刚才发布的这个 Xcode 文件，单击"Open"打开，如下图所示。

　　然后单击"Unity-iPhone"工程文件，在右边显示的 General 选项里，在 Signing 选项中的"Team"栏目里选择已注册的账号或者证书，如果没有账号或者证书，可以在下拉菜单里单击"Add an Account..."进行添加账号或者证书，如下图所示。

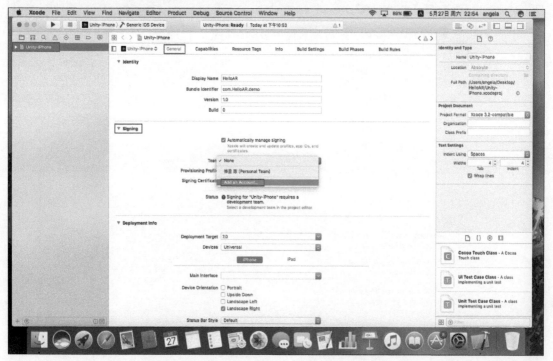

　　在弹出的窗口的"Apple ID"栏目里填写注册的邮箱，在"Password"栏目里填写相应的密码，如下图所示。

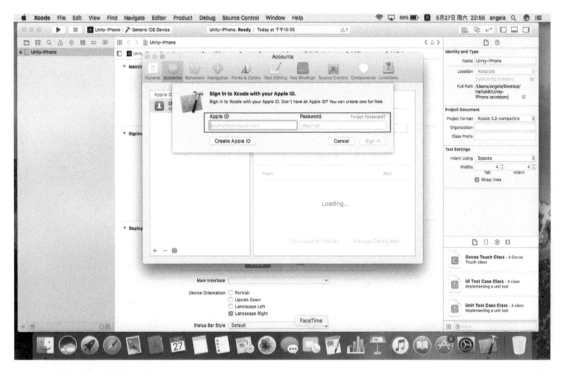

该案例中已有注册账号，选择已注册的账号，如下图所示。

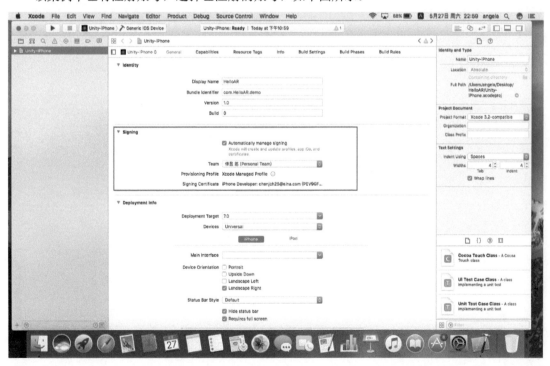

接着往下找到"Linked Frameworks and Libraries"选项，在该选项中需要注意，我们需要给它添加一个文件，如果不添加，当我们导出的时候会出现问题。单击"+"添加，如下图所示。

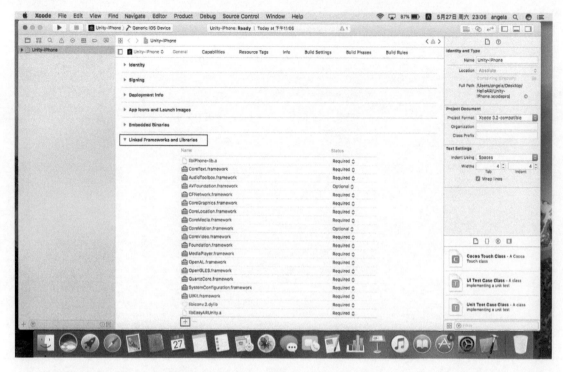

在弹出的提示窗口中，在搜索栏里输入"libc"，然后在列表里选择"libc++.tbd"文件到链接选项中，单击"Add"按钮进行添加，如下图所示。

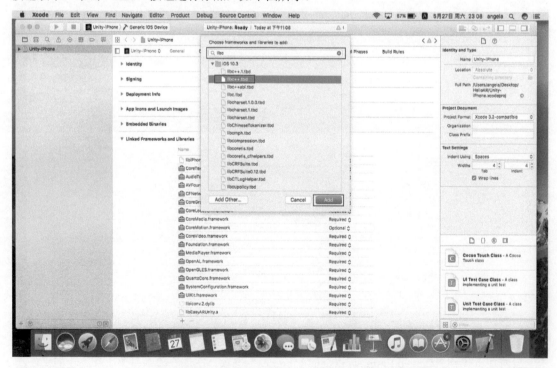

单击"Add"按钮进行添加后，"libc++.tbd"文件已成功添加到链接选项中，如下图所示。

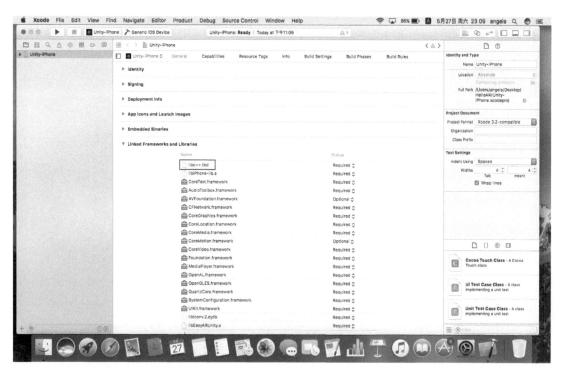

单击"Build Settings"，在"Build Options"选项里，找到"Enable Bitcode"，并设置为"NO"，如下图所示。

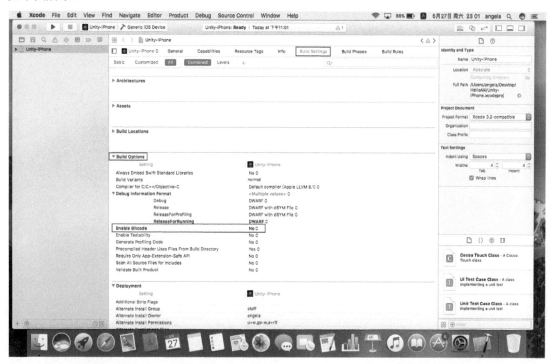

单击"Unity-iPhone"工程文件里面的"info.plist"文件，在右边的栏目里面添加获取设备摄像头的权限，单击"+"，如下图所示。

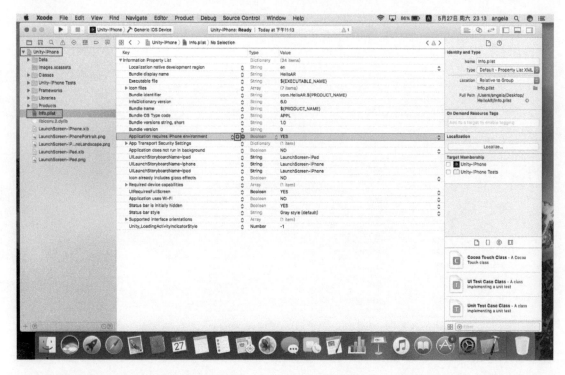

　　在弹出的输入框里，输入关键字"Pricy"，系统会自动提示，选择"Privacy - Camera Usage Description"才能获取设备摄像头的权限，如果没有添加该权限，运行程序时会出现闪退异常，如下图所示。

　　选择"Privacy - Camera Usage Description"添加获取设备摄像头的权限后，按回车键即可，

如下图所示。

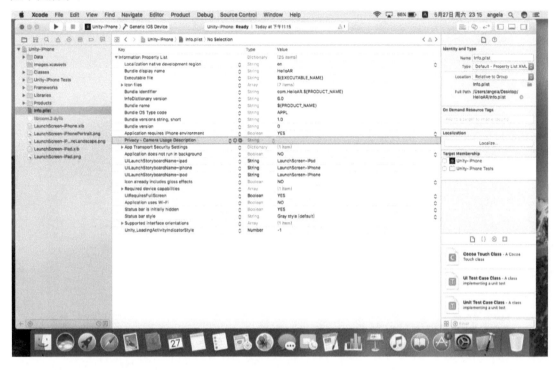

然后单击"播放按钮"运行，把它发布在我们的 iPad 设备中，如果出现提示窗口则单击"允许"，如下图所示。

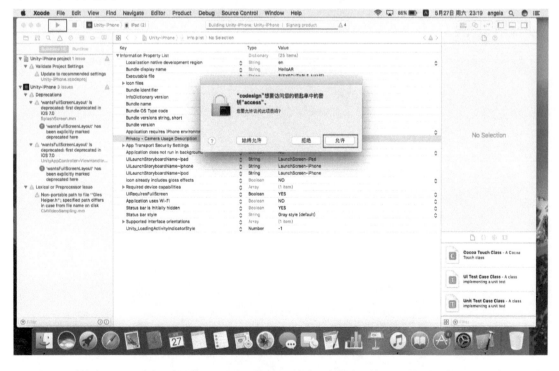

还需要单击 iPad 设备里面的"设置"按钮，单击"通用"按钮，找到"描述文件与设备管

理"或者"设备管理",单击开发者应用的邮箱地址,单击信任即可,如果出现提示窗口单击"OK",如下图所示。

这时可以看到 iPad 设备中已出现成功发布的 App 应用了,如下图所示。

运行测试:

第6章 涂色类 AR 项目案例

 6.1 涂色类 AR 项目案例简介

6.1.1 涂色类AR应用简介

涂色类 AR 应用能将在真实卡片上涂的颜色显示在模型上，就好像自己的作品从卡片中"走"了出来。

涂色类 AR 产品是 AR 应用中最成功的案例之一，例如国内的 AR 涂涂乐、国外的 colAR Mix 等产品受到了广泛的认可。

AR 技术是将虚拟的形象与现实结合，互动本应是 AR 技术的主要侧重点，但由于当前的 AR 技术主要依托于移动端的屏幕，设计问题使得 AR 软件本身有互动不足或者操作不便的缺陷，造成了大部分 AR 技术成为一种体验噱头，只能短暂的体验。

涂色类 AR 应用通过另一种方式加大了互动体验感，让用户有了极强的参与性，能将自己的涂色设计及时地反应在模型上。这种形式对于该产品的主要用户——幼儿，有着极强的吸引力。

目前涂色类 AR 应用有两种技术，一种是实时涂色，另一种是固定涂色。实时涂色是在 App 运行时，模型上的颜色实时与当前涂色卡范围内所出现的颜色保持一致。固定涂色则是在需要的时候将当前涂色卡中的颜色显示在模型上。

实时涂色技术在官方的案例中有相应的源码，由于实时涂色容易受到其他环境因素的干扰，所以一般不作为商业产品。本章所讲的是固定涂色技术，这种技术是在商业项目上使用的。

6.1.2 项目分析

相对于传统游戏来说，涂色类 AR 应用在技术上并不需要大量的程序设计，也不需要复杂的模型和动画,只要掌握了制作思路,固定好标准,一般入门级的程序员和模型师配合就可以完成。

但这个技术的难点在于它的综合性很强,与传统游戏制作流程和标准也有明显的不同。

传统游戏流程较为固定,并且程序、美术之间的交叉性较小。以动画资源为例:原画师根据策划要求画出原画,模型师根据原画制作模型,动画师接到模型后制作动画,程序员拿到有动画的模型进行后续的编程。流程十分清晰,后一个环节的人员都知道需要前一个环节的人员提供什么标准的内容。

涂色类 AR 应用需要协同的专业间有很强的依赖性,在制作平面图的时候就需要一些建模知识来指导画图,如果没有这些知识则图片上的色彩无法正确地映射和渲染在模型上。

在建模的过程中也需要用到一些编程方面的知识来指导 UV 分配。编程中也要考虑到识别图和模型中例如空间定位等一系列在传统游戏中应用不到的技巧。

6.1.3　案例规划

本案例的目的是为了教大家明白涂色 AR 应用的制作标准及流程。通过学习,读者可以独立制作出涂色 AR 应用,更能在整体上熟悉并把控技术流程,而不是在某个专业上培训出高手,因此在内容选取上选择了代表性强且简单的地球仪。

地球仪同时具备了规则以及不规则的图形,能够很好地解释 UV 的分配。并且在制作模型与识别卡的部分比较简单,能够讲明技术流程的同时,尽量避免使用手绘板等一些专业的绘图工具,帮助读者快速地学习模型与识别图的对应关系,只要大家看懂这部分内容,像动物、机械等其他类别的内容也很好掌握。

制作完成后有一张识别卡与一个 App。

识别卡:星球背景中有两个白色线框的地球仪图案,可以对这两个地球仪进行涂色。

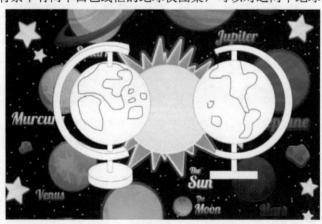

App:打开 App,当扫描到涂好颜色的识别卡时会在出现对应颜色的地球仪。

涂色类 AR 识别图设计

6.2.1　识别图的识别率

识别图的识别率主要决定于图形的复杂程度与清晰度,与颜色本身无关。

虽然颜色本身无法增强识别率，但颜色之间的差异可以变相地形成图形结构。只要识别图中图形清晰度够高，形状够复杂就能确保识别图的识别率。

6.2.2　识别图内容分析

在涂色类 AR 中，识别图分为识别信息与模型图像两部分。

例如本案例中，有色彩的部分为识别信息部分，空白的地球仪为模型图像部分。

识别信息是用来让程序定位模型的位置，通过识别图片中的识别信息，定位并且激活显示模型。

模型图像并不参与识别，是用来与模型本身的 UV 进行匹配的，提供涂色区域。在把整个识别图的截图作为贴图与模型匹配时，这部分区域正好能与模型 UV 相对应，让模型上的颜色与涂色的颜色相同。

6.2.3　识别图模型图案角度

首先要考虑当 App 使用时一般会看到模型的哪个角度，模型的哪些部分容易出现在视野中。

在识别图上重点体现使用时最容易看到的部分，这样可以减少贴图的拉伸，同时保证主要位置贴图的颜色质量以及位置准确性。

从视角上来讲，在涂色类 AR 应用中，一般需要重点展现的是模型的顶部和前部，模型被遮挡的部分以及底部一般情况下很难看到。

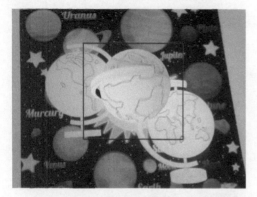

模型的顶部

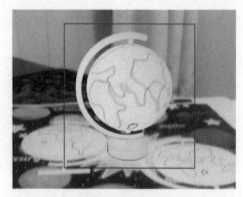

模型的前部

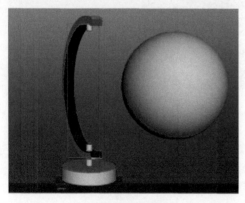

容易被遮挡的部分

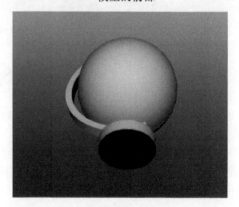

模型的底部

同时还要考虑到图片的美观和使用者的接受程度，图片画面中如果放顶部视图则整个画面效果会很奇怪，比如地球仪的顶部出现在画面中时很难被认出，所以综合考虑，一般识别图会使用正面，或者略微看到一些顶部的斜角。

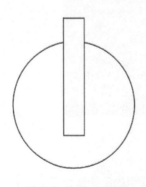

地球仪的顶部线框图

较为合适的角度

6.2.4　常见的识别图展现方式

在识别图的制作过程中，根据制作方法不同会出现两种不同的展现方式，一种是正交识别图，呆板但是模型涂色自然，另一种是非正交识别图，生动形象，但是模型上的涂色会出现较为严重的错位与拉伸。

看一下 colAR Mix 官方展示的几张识别图和模型的对应关系。

首先是正交识别图。

从第一张图片可以看出，类似米老鼠的人物以标准站姿站立，识别图中同时具备正面和背面

两个视角图形。这种方式会使贴图更加完整地贴在模型上,可以看出模型上有一些拉伸和接缝,但是并不明显。

　　第二张图片中主要展示的是旗子,图片中的线框本身就是一个完整的 UV 展开图形,这种类型的识别图在涂色 AR 项目中的 UV 匹配阶段处理起来最简单。同时也最低程度地降低了贴图的拉伸,但是同时也降低了识别图的美观和故事性。

　　再来看几张非正交类的识别图与模型的对应关系。

　　第一张图中鲨鱼的线框是典型的以表现效果为主的识别图,可以看出图片本身的故事性很强,让鲨鱼具备了动态的游动与攻击动作。但是模型显示后上面的贴图颜色拉伸十分严重,由于图片

是官方宣传图，所以涂色的方式和选取的角度尽量避免了显示拉伸的部分，但依旧可以在鲨鱼的头部和鱼鳍处看到明显拉伸，第二张图中卡通鳄鱼的效果也是如此。

本书中采用正交方式来制作识别图中的模型图像，一个正面地球仪，一个背面地球仪，正面地球仪会有一定的斜角。

6.2.5　程序中使用识别图与印刷使用识别图

在涂色类 AR 应用中，涂色部分的线框不要作为识别图中的识别信息。

如果线框作为识别信息，一旦在涂色时被覆盖，则识别信息就会改变或减少，影响 AR 的定位。最后交给用户使用的绘本是有线框的。

也就是说，识别图制作完成后，会得到如下两张图片。

没线框的这张图片作为程序中的识别信息，有线框的、印刷为实体的纸张供用户涂色。这样，无论线框是否被所涂的颜色遮挡，都不会影响到识别信息。

6.2.6　识别图制作流程

1. 制作模型的线框。
2. 选出模型图片的区域。
3. 选出合适的背景图片作为识别图的识别信息。
4. 用模型区域扣白背景图片，此时程序所认可的识别图产生。
5. 在第 4 步的基础上加入图形线框，打印后成为绘本识别图，可以在绘本识别图上涂色，并使用 App 产生定位以及模型上色的效果。

制作识别图——PS 基础

6.3.1　分配组与图层

在 Photoshop（简称为 PS）中可以使用中文名称，也可以将项目存放到有中文的路径。

打开 Photoshop 软件，新建一个项目，在上方的菜单栏中执行"文件"→"新建"命令。

长宽选择 2048×2048 像素，注意在制作平面图形的时候，分辨率可以稍大，因为后期可能会根据不同需求而调整识别图的尺寸。大尺寸转小尺寸不会丢失细节，而小尺寸转大尺寸则会使图像模糊，只能重新制作。

分辨率设置为 72 像素/英寸。颜色模式设置为 RGB 颜色，8 位。背景内容设置为透明。

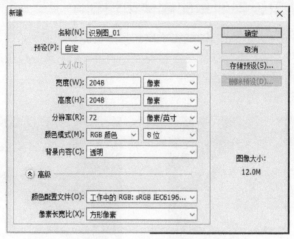

在图层面板中新建三个组，分别命名为"UV 区域"、"识别背景"与"底色"（双击组的名称位置可以更改名称）。

如果图层面板没有显示就勾选菜单栏中的"窗口"→"图层"。

注意三个组的排放顺序，在 Photoshop 中越靠上的图层和组显示的优先级越高，也就是说靠上方的图层会遮盖下方的图层。

在"底色"组中新建两个图层，分别命名为白底和黑底，

按下键盘上的 D 键，确保 PS 左侧工具栏中填充色恢复为默认的前景黑色，背景白色。
在选中白底图层的情况下，按下键盘上的 Ctrl+Del 组合键将白底图层填充为白色。
在选中黑底图层的情况下，按下键盘上的 Alt+Del 组合键将黑底图层填充为黑色。

工具栏中的填充色

激活白底，取消黑底，黑底一般在模型贴图的绘制中使用较多。

在"UV 区域"组中新建四个图层，分别命名为"剪影区域"、"地球线框"、"底座"和"外框"。

"剪影区域"这个图层中的内容最后要作为识别背景遮罩使用。单击一下这个图层，当这个图层呈蓝色时，此时所有在画板中的操作都是在这个图层上进行的。

6.3.2　制作地球部分

在左侧工具栏中单击并按住框选工具不放，在弹出的选框中选择"椭圆选框工具"。

在操作面板中，按下鼠标左键拖动，再按下 Alt+Shift 组合键不放，出现一个以鼠标光标开始拖动位置为圆心的正圆形线框，这个线框用来作为地球的形状。

按下 Alt+Del 组合键给这个圆形填充一个前景色。这样在"剪影区域"图层就保留了一个地球的剪影。

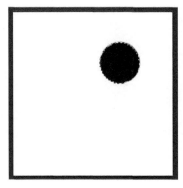

取消"剪影区域"图层的激活状，单击"地球线框"图层，让此图层处于选中状态。

此时操作区域依旧有之前的圆形选区，按下 Alt+Del 组合键给这个圆形填充一个前景色。然后执行菜单栏中的"选择"→"修改"→"收缩"命令。收缩量为 3 像素，此时圆形选取就收缩了 3 个像素。

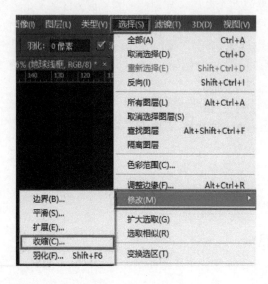

按下 Del 键或退格键，删除收缩后圆形范围的内容，就出现了一个正圆形的线框。按下 Ctrl+D 组合键，取消线框。

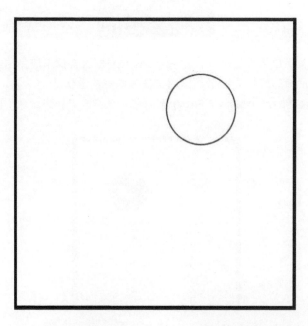

6.3.3　制作识别图底座部分

　　激活"剪影区域"图层，选中"剪影区域"图层，在右侧工具栏中选择"矩形选框工具"，在操作面板中拖动出一个垂直的矩形范围作为地球仪的轴，按下 Atl+Del 组合键填充前景色。

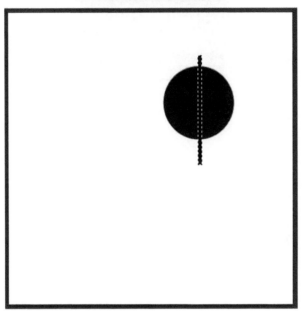

　　取消"剪影区域"图层激活状态，选中"底座"图层。先填充前景色，然后在菜单栏执行"选择"→"修改"→"收缩"命令。收缩量为 3 像素。按下 Del 键或退格键，删除收缩后范围的内容，就出现了一个地球仪轴的线框。

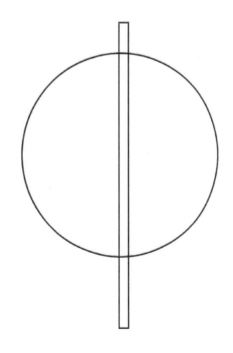

激活"剪影区域"图层，选中"剪影区域"图层，在右侧工具栏中选择"矩形选框工具"，在操作面板中拖动出一个垂直的矩形范围作为地球仪的底座，按下 Atl+Del 组合键填充前景色。

　　取消"剪影区域"图层激活状态，选中"底座"图层。先填充前景色，然后在菜单栏中执行"选择"→"修改"→"收缩"命令。收缩量为 3 像素。按下 Del 键或退格键，删除收缩后范围的内容，就出现了一个地球仪底座的线框。

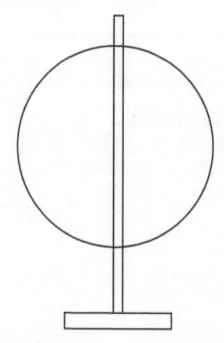

6.3.4　制作识别图外框部分

选中"外框"图层，在地球中心的位置使用"椭圆框选工具"拖动，按下 Shift+Alt 组合键，拉出一个大圆形作为地球仪外框的范围。按下 Alt+Del 组合键填充前景色。

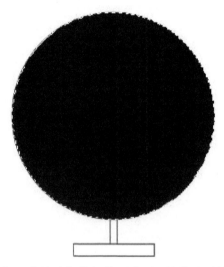

现在需要把这个圆形掏空形成地球仪外框的厚度，但是此处不能使用收缩选区后删除的方法，收缩幅度增大后，圆形选框会变形。

新建一个图层作为辅助图层，在辅助图层上依旧使用这个选区按下 Alt+Del 组合键填充一个背景色。

按下 Ctrl+T 组合键调出自由变换工具，按下 Shift+Alt 组合键不放，拖动自由变换工具的一角，让这个区域缩小到合适的位置。按下 Enter 键确认变换的结果。

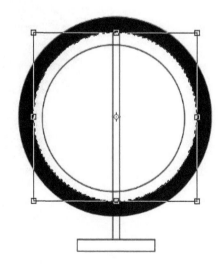

此时看到的外框效果是由于辅助图层遮挡出现的，删除"辅助图层"，选中"外框"图层。此时刚才缩小的区域依旧存在，按下 Del 键或退格键将中间部分删除。按下 Ctrl+D 组合键取消选框。

　　使用"矩形框选工具"删除一部分外框，形成地球仪外框部分。

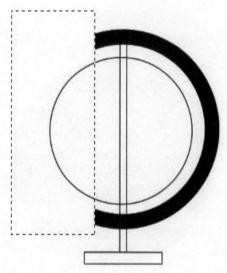

　　按下 Ctrl 键不放，在图层面板中单击"外框"图层的缩略图部分，此时出现了外框图案的选区。

　　激活"剪影区域"图层，选中"剪影区域"图层，按下 Alt+Del 组合键填充前景色。此时一个地球仪的剪影应该已经完成了。

　　按下 Alt 键不放，单击"剪影区域"的激活按钮，可以单独显示这个图层进行检查。此时"剪影区域"单独显示的样子应该如下图所示。

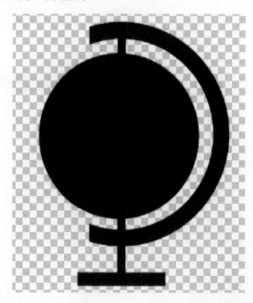

　　再次按住"Alt"键不放，单击"剪影区域"的激活按钮，恢复图层的激活状态。

　　把"剪影区域"的激活取消，选择"外框"图层。单击"外框"图层出现的图形的选框，在菜单栏中执行"选择"→"修改"→"收缩"命令中，缩小 3 个像素，按下 Del 键或退格键删除中间部分，形成线框。

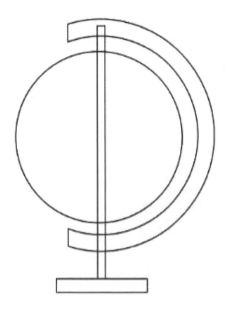

在左侧工具栏中，选中"橡皮擦工具"，选中线框所在对应图层，将地球仪线框中多余的部分擦掉。形成一个标准的地球仪线框。

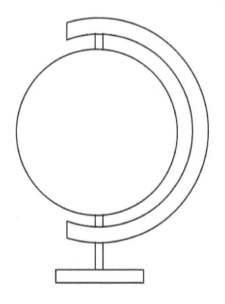

6.3.5　制作识别图斜面部分 1

现在已经制作好了一个视角的地球仪，它是完全正交图像。我们还需要制作与之对立视角的地球仪，这个地球仪要有一定的斜角。

根据之前的方法先制作出对立视角地球仪中的地球、轴与外框。注意线框一定要放在对应的图层中，不然会对后续的编辑造成阻碍。

此时，单独显示的"剪影区域"图层效果应该如下图所示。

取消"剪影区域"图层的激活后，效果应该如下图所示。

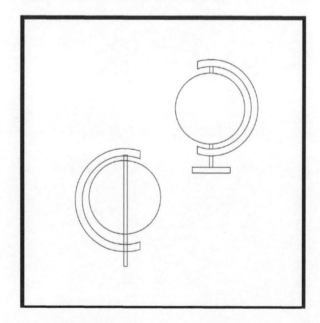

激活"剪影区域"图层，并选中该图层，使用"椭圆选框工具"拖动制作出底座的顶面。在"底座"图层制作出对应的线框。

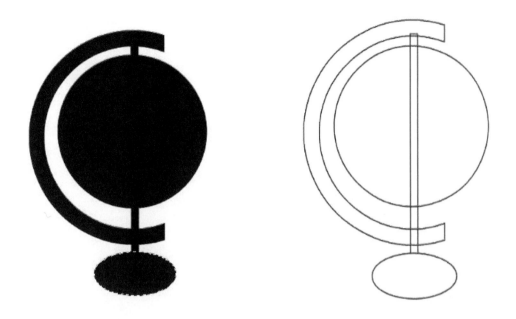

使用"矩形选框工具"框选一半椭圆形线框，选择左侧工具栏中的移动工具，按下 Shift+Alt 组合键，在选框中按下鼠标左键并向下拖动，复制出半个椭圆线框作为底座的底部轮廓。

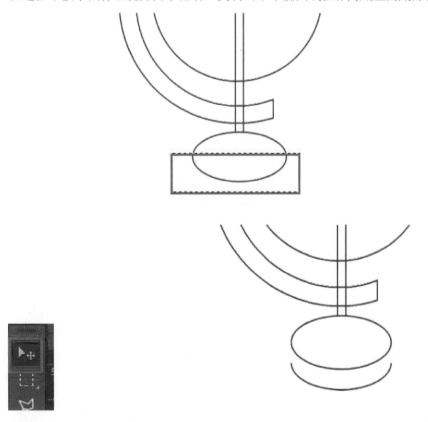

使用橡皮擦工具，将多余的线条擦掉。使用框选与复制技巧，或者画笔工具，将画面的透视

关系进行调整，如下图所示。

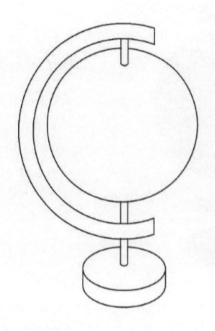

6.3.6 制作识别图斜面部分 2

选中"外框"图层，在左侧工具栏中找到"多边形套索工具"，选中外框中的一部分弧线。

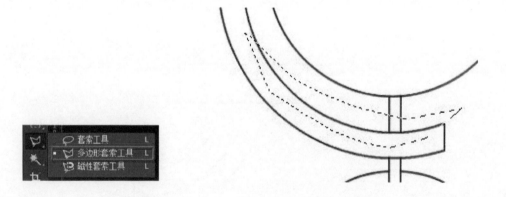

按下 V 键并切换到"移动工具"，按下 Alt 键不放，拖动选中区域，把这段弧线复制一份。然后按下 Ctrl+T 组合键调出自由变换工具，通过移动和旋转摆放成地球仪外框在斜角时看到的顶面（在选区存在的情况下，可以通过键盘上的上下左右方向键进行微调）。

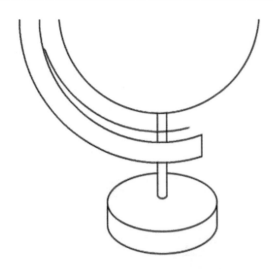

使用同样的方法，在边框的上部，截取一段弧线，通过复制、移动、旋转的方法制作出地球仪外框上部的斜面。

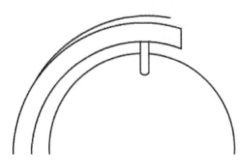

利用"橡皮擦工具"、"画笔工具"等将图形进行处理，达到如下图所示的效果。

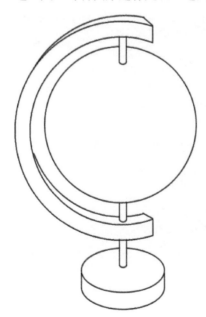

利用"多边形套索工具"把"剪影区域"中没有的部分框选出来。并选中"剪影区域"图层填充前景色，使得"剪影区域"图层当前的效果应该如下图所示（有美工基础的读者也可以使用魔棒工具反向选区剔除的方式来直接获取图形剪影）。

6.3.7　加入具备识别信息的背景图片

　　在菜单栏中执行"文件"→"打开"命令，找到选好的识别图背景打开。如果两个图片面板叠在一起可以拖动标题位置让图片面板分开。标题呈白色的是当前激活的图片面板。

　　在"识别图_01"面板激活的状态下，选中图层面板中的"识别背景"图层。使用移动工具，在背景图片面板中，按下鼠标左键的同时按下 Alt 键把背景图片拖动到"识别图_01"中来，修

改这个新的图层名为"识别图层"。按下 Ctrl+T 组合键，用自由变换工具将背景铺满，按回车键确认更改。

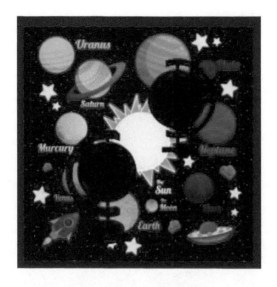

在背景图层上方新建一个图层，并命名为"剪影留白"，注意图层的层级关系。

按下 Ctrl 键不放，单击"剪影区域"图层的缩略图部分得到地球仪剪影的选区，选中"剪影留白"图层，填充白色。取消"剪影区域"图层。当前效果如下图所示。

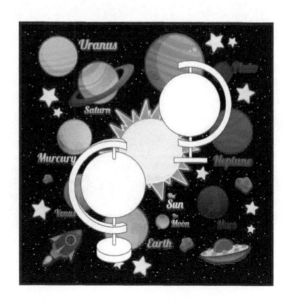

在"UV 区域"组中新建一个图层，命名为"地球涂色参考"，使用画笔工具在地球上画出一些五大洲的图形以便于涂色时参考。

6.3.8　导出识别图

在上一节的基础上，在菜单中执行"文件"→"另存为"命令，选择 png，命名为 Card_01，用它来打印实体识别图，同时也作为匹配 UV 时的参考。

在图层面板中将整个"UV 区域"组取消，这样地球仪就只有剪影部分。保存为 png，命名为 Card_02，用它来作为程序中的识别信息。此时两张图片应如下图所示。

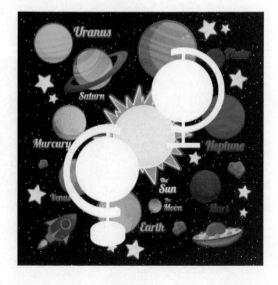

6.4　涂色类 AR 模型分析

6.4.1　模型基础概念

3D 模型的建模方式最常用的是曲面建模与网格建模。在程序中一般情况使用的都是网格模型，英文中一般会叫作 Poly 或者 Mesh。

顾名思义，网格模型是由一片片的网格组成的。在建模的时候无论是使用几边形搭建的，在进入程序的时候，所有模型上的网格都会转化为三角面（Tris）。一般常说的模型有多少面就是指模型上三角面的数量。

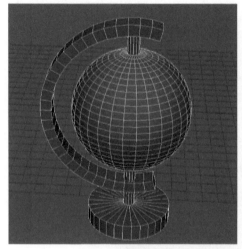
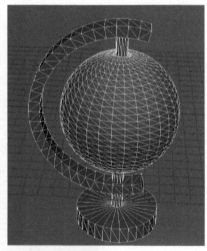

Faces:	2176	2176	0
Tris:	2176	2176	0
UVs:	1347	1347	0

模型上最基本的元素是点、线、面。建模时对模型的更改其实就是对模型上点、线、面的更改。模型上有法线的概念，模型的面有正反的区别，法线表示了模型面的正反。

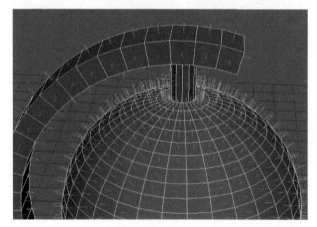

模型上的边有软边、硬边之分，软边会使两个面之间的过渡更加平滑，而硬边会使两个面之间的过渡更尖锐。看一下同一个球体分别在硬边与软边下的显示情况。

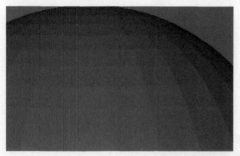 

每个模型都有自己的坐标轴，坐标轴的位置决定了物体在移动、缩放和旋转时的参照标准。

6.4.2　模型标准

1. 面数：模型对程序的压力主要来自于模型的网格数量（面数）以及贴图的分辨率。在这个项目里不需要贴图，所以尽量控制模型的面数。卡通机械，例如地球仪、汽车、飞机等一般面数控制在三千个左右，不超过五千个，卡通人物不超过一万个，写实类的生物最多不超过五万个。

2. 格式：在 Unity 中使用的模型一般使用 Fbx 格式。

3. 法线：确保模型的法线是向外的。

4. 软硬边：在曲面过渡的位置使用软边。转折强烈的过渡位置使用硬边。

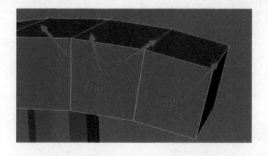

5. 坐标轴：模型制作完成之后，如果没有交互控制上的需求，坐标轴放在整个模型底部切面且略靠上的位置，放在底部切面是为了在引擎中摆放模型位置时更加方便，略靠上是为了让模型与支撑面之间略有穿插，避免造成悬空的感觉。

特殊情况，例如地球需要做旋转交互，则坐标轴放在地球的中心位置。

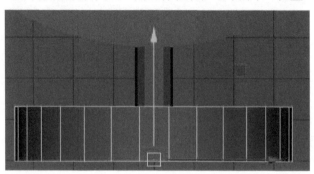

6.4.3　制作思路

1. 建模尽量和识别图中的模型图案匹配。在这个案例中，首先确定了识别图后再制作模型，因此这个识别图相当于原画，建模时要尽量与识别图中的图形相对应。

2. 使用基本几何体来创建。地球仪上利用基本几何体创建便于分配模型 UV，并且建模较为简单。

3. 在开始制作模型的时候，就要优先考虑到后期模型所参与的交互，之前在项目设计中已经提到过，在最终的 App 中，地球是可以转动的，因此最终地球作为一个物体，其余的地球仪配件合并作为一个物体。这样可以让模型在引擎中的编辑更加方便。

6.4.4　模型制作流程

1. 创建基本几何体中的球体，用来作为地球部分。
2. 创建基本几何体中的柱体，用来作为地球仪的轴部分。
3. 创建基本几何体中的柱体，用来作为地球仪的底座部分。
4. 创建基本几何体中的柱体，使用柱体的一个弧面来制作地球仪的外框部分。
5. 适当地将模型进行合并，调整坐标轴。

6.5　模型制作——MAYA 基础

6.5.1　制作地球

在 MAYA 中，文件的命名和存储路径请全部使用英文字符。

由于篇幅的限制，MAYA 的视角操作与 Unity 的视角操作相同，如有遗忘请参阅本书工具书部分——"MAYA 基础操作"。

在 MAYA 操作场景中，按下 Shift 键不放，同时按下鼠标右键不放，此时弹出创建基本几何体的菜单。将鼠标光标拖动至 "Poly Sphere" 上放开。

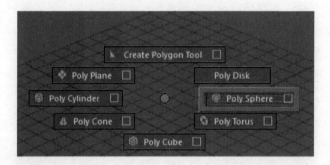

此时场景中的坐标轴原点会出现一个球体（MAYA 的其他版本此时鼠标光标会出现一个小方框，按下鼠标左键拖动后出现球体）。

此时的球体由于布线数量较低，球体并不圆，需要增加模型的段数。

单击球体，当球体处于选中状态时，按下 Ctrl+A 组合键，切换右侧的属性栏。找到球体属性的参数 Subdivisions Axis 与 Subdivisions Height，将数值调为 30（其他版本该参数在 INPUTS 属性中）。

球体是完全曲面的，要将它所有的边变为软边，这样曲面会更加柔和。

在球体被选中的状态下，在菜单栏中执行 "Mesh Display" → "Soften Edge" 命令（其他版本应在 "Normal" 菜单中）。

6.5.2　制作地球仪的轴

在空白处单击鼠标左键以取消模型选择，在没有模型被选择的情况下，将鼠标光标移至空白处，按下"Shift"键不放，同时按下鼠标右键，选择"Poly Cylinder"，创建一个柱体。

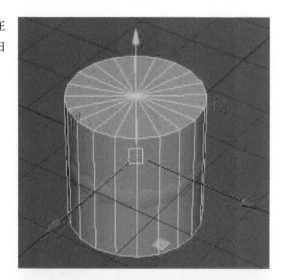

按下 W 键调出模型的移动轴，调整模型位置。按下 R 键调出模型缩放轴，调整模型大小。将柱体模型调至如下图所示效果。

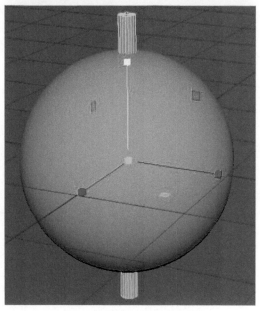

由于地球仪的轴很细，柱体的曲面并不明显，所以段数不需要很多，要减少段数以减少模型的面。

柱体在选中的状态下，按下 Ctrl+A 组合键切换属性面板，找到属性 Subdivisions Axis，将段数改为 12 段。

虽然减少了柱体的段数，依旧要让曲面在现有段数的情况下尽量保持弧度柔和，所以将柱体的侧面变为软边。

鼠标放在柱体上，按下鼠标右键不放，弹出模型级别菜单，把鼠标移动到"Edge"上松手。此时可以选择该模型的边级别。

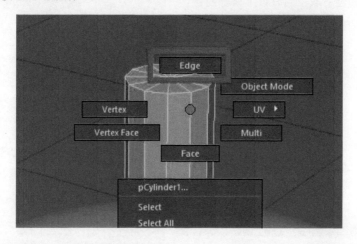

选择所有的侧边（框选或者按住 Shift 键加选），在菜单栏中执行"Mesh Display"→"Soften Edge"命令，改变前后，模型的显示效果如下图所示。

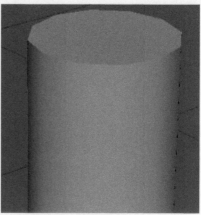

轴的上下底面穿插在其他模型中，是看不到的，因此需要将上下底面全部删除，减少不必要的面数。

在模型上按下鼠标右键不放，弹出模型级别菜单，把鼠标光标移动到"Face"上放开。此时可以选择该模型的面级别。

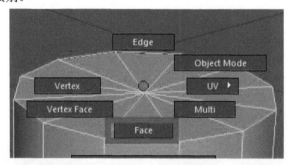

选中所有的底面，按 Del 键或者退格键把上下底面删除。

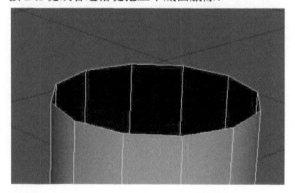

地球仪模型与实物是不同的，由于模型上的轴可见部分就只有三小段，并且涂色卡中也只有三小段，需要将这个模型轴分为三小段，而不是贯穿地球的长轴。

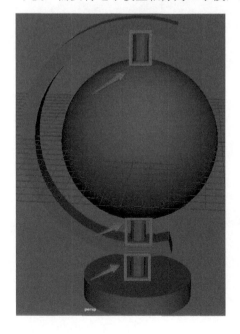

在柱体上按下鼠标右键，选择物体模式（Object Mode），在选中柱体的状态下，按下 R 键调出缩放轴，拖动垂直轴上的小方块，把柱体缩短。按下 Ctrl+D 组合键复制，调整三个小柱体的位置。

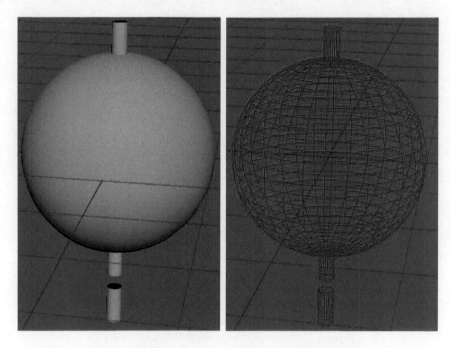

6.5.3　制作地球仪的底座

新建一个柱体，通过缩放和移动制作一个底座，如下图所示。

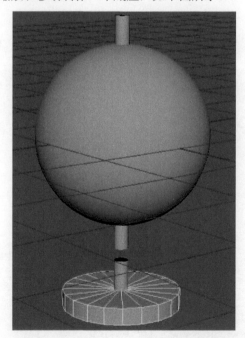

柱体侧面的段数改为 30 段，需要选择侧面所有的线，把它们变为软边。

进入面级别，把底座下方的面全部删除。

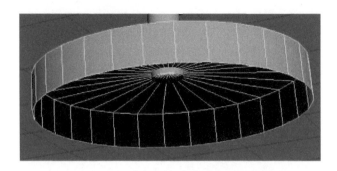

6.5.4　制作地球仪的外框

新建一个圆柱体，把圆柱体的段数改为 50 段。通过缩放把圆柱体压扁，按下 Ctrl+A 组合键，在右侧属性栏中找到圆柱体参数，把位置坐标归零，将圆柱体旋转 90 度，得到如下图所示效果。

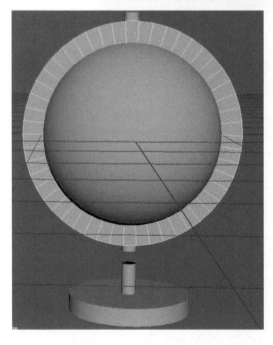
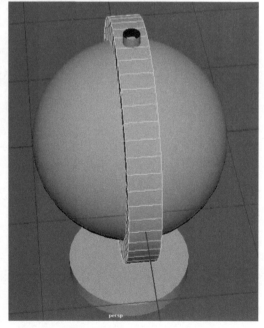

按下 Alt+H 组合键，单独显示这个圆柱体。

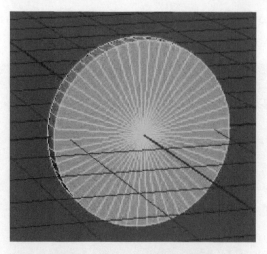

进入面级别,将中间的面全部删除,得到一个层面的圆环。

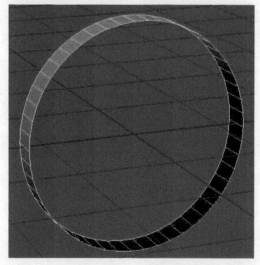

按下 Ctrl+Shift+H 组合键,将之前隐藏的模型显示出来。根据外框的位置,删除一部分面。

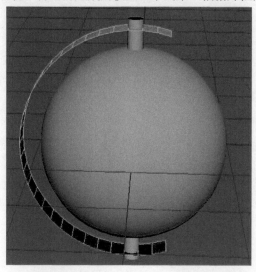

选中外框所有的面，把鼠标光标移动到面上，按下 Shift 键+鼠标右键，选择挤出命令（Extrude Face）。

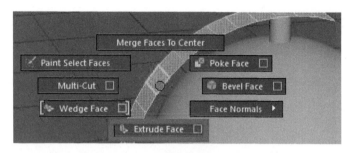

拖动垂直于面的操纵杆，把这些面片形成外框模型。

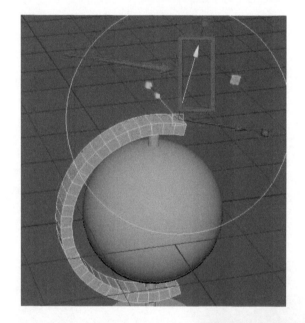

选中所有连接曲面的线，把它们变为"Soften Edge"。

在模型上单击鼠标右键并选择"Object Mode"回到物体级别，通过缩放和位移，将地球仪调整到正常状态。

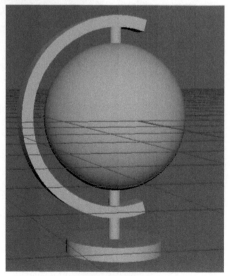

6.5.5 完成建模

在建模完成后为了避免过程中的一些系统记录对模型产生的影响，必须要执行三个步骤，选中所有物体：

1. 冻结变换，在菜单栏中执行"Edit"→"Delete by Type"→"History"命令。
2. 删除历史，在菜单栏中执行"Modify"→"Freeze Transformations"命令。
3. 坐标轴回归物体中心，在菜单栏中执行"Modify"→"Freeze Transformations"命令。

 # 6.6 UV 匹配识别图

6.6.1 UV的概念

UV 是三维模型在二维空间的对应关系，简单地说，就是把三维模型当作一个壳子展开完全平摊在平面上。

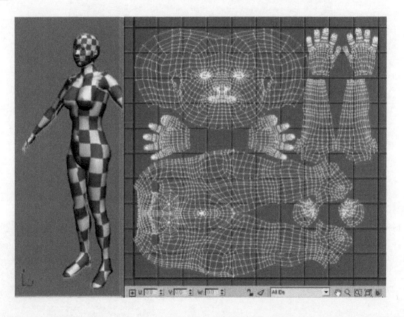

为什么要把三维模型摊开成 UV 平面呢？因为模型本身只是三维空间中的坐标信息，本身无法具备色彩。模型上的色彩需要通过平面的贴图来呈现，为了正确地在模型上呈现需要的色彩，就必须把三维空间中的点与二维贴图上的位置对应起来。

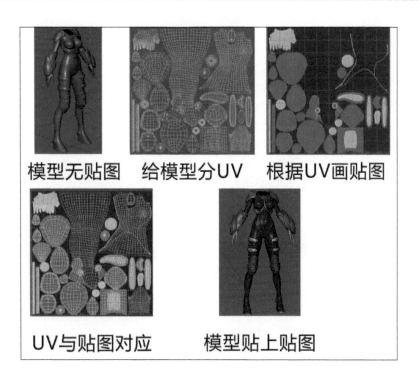

相对于世界坐标系中的（x,y,z），UV 的完整坐标其实是（u,v,w），而 w 的概念在平时操作中一般用不到，比较直观的就是 UV 坐标。所以把这个平面坐标系叫作 UV。模型上的位置映射在平面上的关系，也叫作 UV。

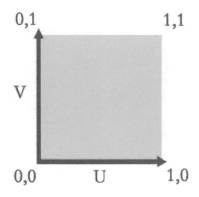

不同于普通坐标，在模型贴图中，UV 的范围只有从（0,0）到（1,1）的正方形区域。不论贴图的分辨率多大，或者是否为正方形，贴图进入 UV 后都是将四个角匹配 UV 的这个正方形区域。

模型分 UV 的过程就是在模型上找到合适的位置，沿着模型的线把表皮切开，然后将这些表面平展，放在合适的位置上。

6.6.2　匹配UV的思路

涂色 AR 项目中，之所以能把涂的颜色显示在虚拟模型上，是因为识别图上的模型图案就是

UV 的位置，涂色后通过 App 扫描到的识别图就是贴图，把贴图通过截屏保存在程序中作为贴图赋值给模型。

所以当前要做的就是把模型的 UV 按照识别图上的形状进行匹配。这个过程主要做的是以下 5 件事。

1. 展开 UV 将模型不同部分的 UV 区分开。
2. 将 UV 与图片上的模型结构进行匹配。
3. 不容易看到部分的 UV 可以进行缩小与其他部分 UV 重合。
4. UV 的边缘不要与贴图上图形的边缘贴得太近，要留出一定的距离作为溢出值。
5. UV 的调整与疏松在匹配识别图模型图案的基础上要尽量做到 UV 的布线规律且密度较为均匀。

6.6.3　给模型添加贴图

为了避免在建模的过程中一些操作影响后续 UV 的拆分，先给模型附一个新的材质。选中所有地球仪模型，在模型上按下鼠标右键不放，执行"Assign New Material"→"Lambert"命令，并进行删除历史的操作。

把印刷使用的识别图作为贴图附在模型上。

选择模型，按下 Alt+A 组合键对右侧属性栏进行切换，找到"Lambert"材质标签。在这个标签中找到 Color，单击后方的赋值按钮。

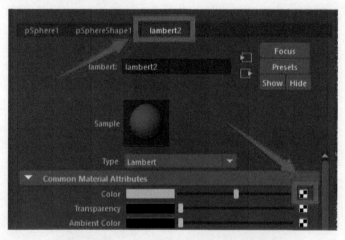

在弹出的菜单中选择"File"。

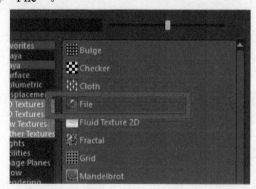

此时右侧的属性栏显示如下图所示，选择"Image Name"后的文件夹图标。

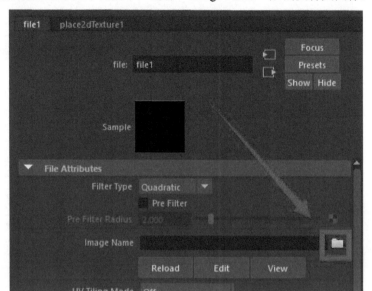

选择之前制作的图片"Card_01"，按一下键盘上的数字 6 键进入贴图模式，此时模型上显示出了贴图的颜色。

此时模型上的贴图显示紊乱，是因为还没有把 UV 与贴图匹配好。

6.6.4　匹配地球部分的UV

选中所有地球仪模型，在左上角为"Modeling"模式下，在菜单栏中执行"UV"→"UV Editor"命令打开 UV 编辑面板（其他版本 MAYA 是在"Polygons"模式下在菜单栏中执行"Windows"→"UV Texture Editor"命令），其中的白色线框就是当前所选物体的 UV。

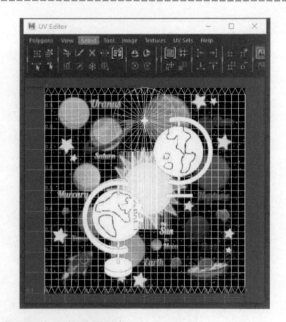

如果面板的背景未显示贴图底色，则单击面板上方的贴图图标。

　　识别图上地球模型图案有前后两个，这里也同样把地球的 UV 分为左右两边。

　　选择地球物体，进入线级别，从侧面看，找到地球的中线，双击其中一条线段可以选择连续的环线，按住 Shift 键不放，加选另一半环线，可以得到贯穿地球的环线，如下图所示。

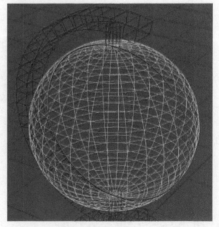

　　在选中这条环线的情况下，在 UV 编辑器面板中，按下 Shift 键不放，按下鼠标右键，选择"Cut UVs"，这样就将 UV 从这条线的位置切开。

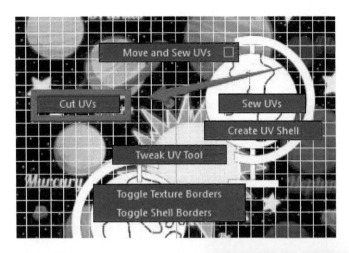

将两半地球 UV 分开，在 UV 编辑器中，单击鼠标右键选择"UV"进入 UV 级别，先选中 UV 上的一个点，然后按下 Ctrl 键不放，单击鼠标右键选择"To Shell"，此时选择到了与选中点所连接的所有 UV。按下 W 键调出移动工具，把它移动开，此时地球的两半 UV 就显而易见了。

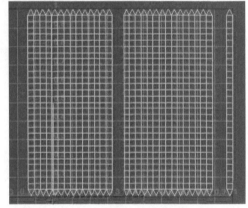

由于模型初始的时候，系统有默认的切割方式，导致手动平分地球 UV 的切割线和系统默认的切割线冲突，把其中一半地球 UV 的一部分单独切割出来了。需要把这部分补回去。

选中这部分 UV，可以看到它在模型上对应的部分。

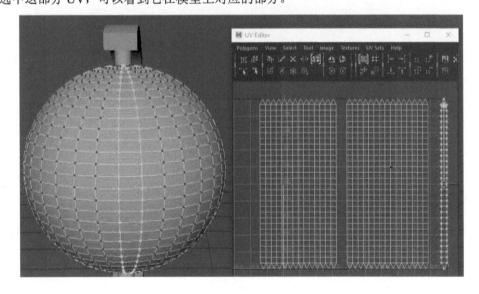

可以看出在之前手动切分地球 UV 时，切分的两个半球中，右边有系统默认分 UV 时的一条切线，导致出现了多余的部分，现在需要将这条切线缝合。

在 UV 编辑器中单击鼠标右键选择"Edge"，在地球上选中这条线，此时可以在 UV 编辑器中看到两个部分中被断开的边。

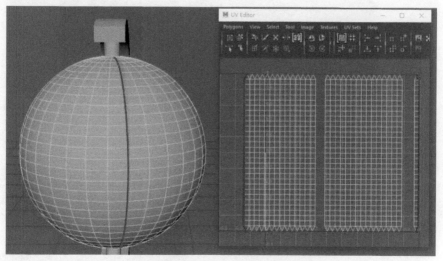

现在需要根据两个断开的边来把这部分进行缝合，进入 UV 级别，移动小块 UV，将断开的边缘对齐。

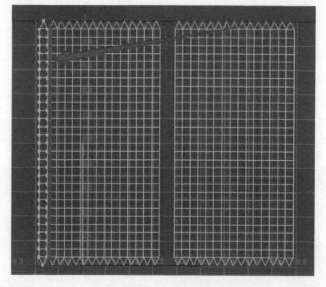

进入边级别，选中断开的边，按下 Shift 键，单击鼠标右键选择"Sew UVs"，把这个边在 UV 中连接起来。

此时地球的 UV 就被完整地分为了两个部分，前后半球。可以选中任意一部分其中一个 UV 点，按下 Ctrl 键不放，单击鼠标右键选择"To Shell"，通过移动来查看当前连接在一起的 UV 是否只有两个部分。

现在要把这两个半球的 UV 变为圆形。选择其中一块 UV，按下 Shift 键不放，单击鼠标右键选择"Unfold"，疏松 UV。此时这块 UV 就接近于圆形。

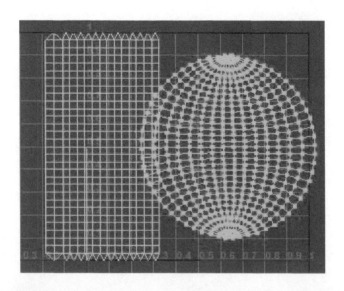

此时这个圆并不是很圆，这是由于圆的上下部分有的边依旧没有缝合在一起。

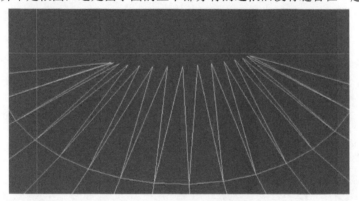

进入边级别，选中这些没有缝合的边，注意不要选到与另一块半球 UV 有联系的边，把它们缝合起来。

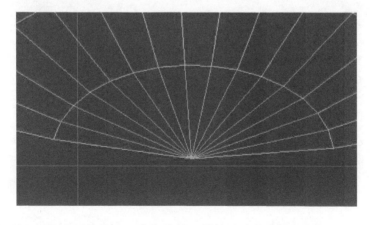

进入 UV 级别，再次选择整块 UV 进行疏松，整块 UV 就变得很圆。

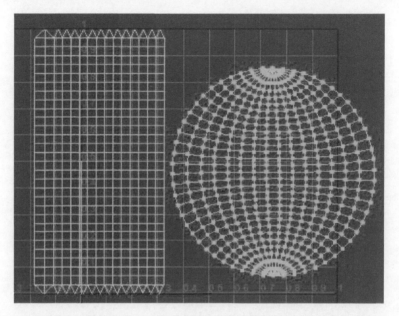

把另一块 UV 也进行同样的操作，显示出贴图，通过缩放和移动将两个半球的 UV 与识别图上的地球相匹配。此时 UV 与贴图的匹配如下图所示。

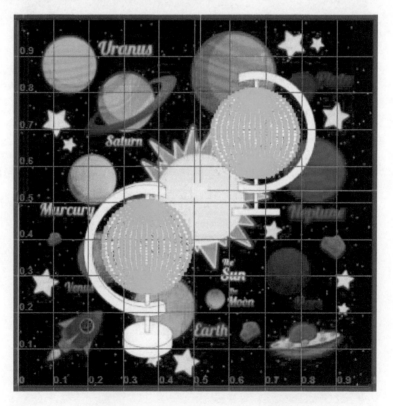

模型当前的贴图显示如下图所示。此时地球部分的 UV 匹配就基本完成了。可以在放大后单独把一些 UV 点进行调整，让 UV 与图案更加匹配。

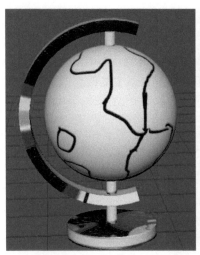

在斜面地球仪图案的部分，地球 UV 与轴的图案有穿插，需要让地球 UV 避过轴的部分。

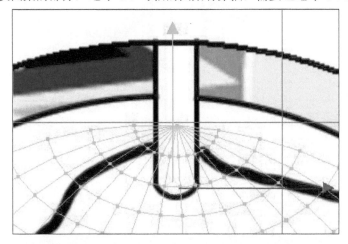

通过把 UV 的边切开，并且移动 UV 点来避开轴的位置。调整之后的效果如下图所示。

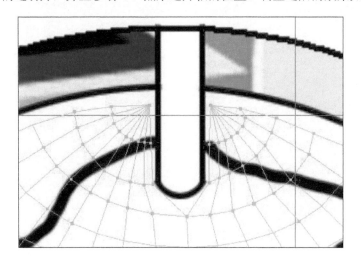

6.6.5　匹配轴部分的UV

先选择最上方的轴模型，像分地球一样，将轴的 UV 分为前后两半。通过移动和缩放，与贴图上的轴图案进行匹配。注意 UV 不要离边缘的黑线太近，且 UV 的上下左右方向不要搞错，在匹配的过程中要经常对照模型上显示的 UV 进行检查。

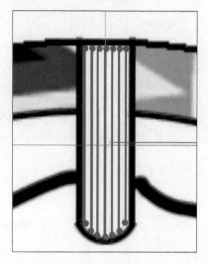

其余的轴也用相同的方法一一进行匹配。注意每一段轴的 UV 都要与相应地球仪的前后位置相符合，否则最后涂色显示的内容会产生前后涂色错乱。

6.6.6　匹配底座部分的UV

选择底座模型，在 UV 编辑器中，将底座模型分为三部分：圆柱体的顶面与侧面的前后两半。对 UV 进行疏松，让 UV 更接近模型的真实状态。

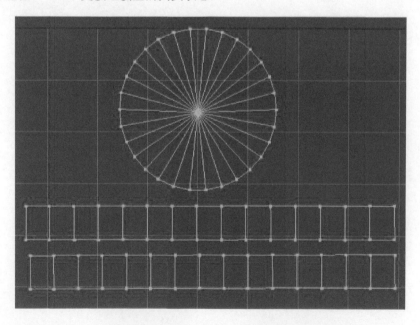

将 UV 与贴图的对应图案进行匹配，其中顶面只显示斜角一面的地球仪图案，所以顶面完全匹配斜角一面的地球仪图案。

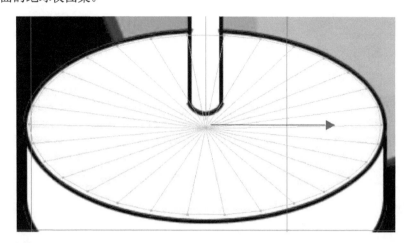

此时顶面与图案上的轴的 UV 有穿插关系，需要把顶面 UV 穿插的部分拆开单独排列，避开轴的图案部分（进入边级别，切割 UV 即可把这些 UV 分开）。

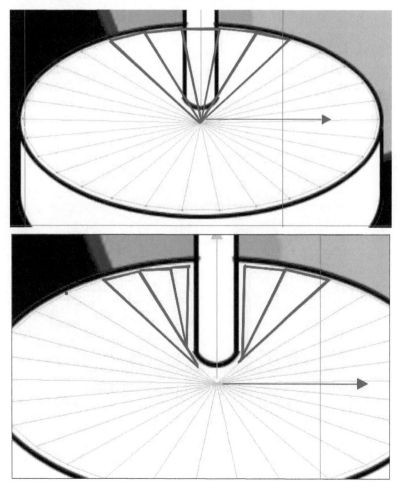

侧面则分别对应两边的图案。需要注意识别图上的图案是有透视关系的，所以侧面在对应的时候 UV 应该根据远近有疏松度的区别。在斜角的图案中，可以根据顶面的点来匹配侧面的疏松度，将侧面的 UV 点与顶面的 UV 点一一对应。

排布完成之后关闭贴图的显示，地球、轴与底座的 UV 应该如下图所示，基本与识别图上的模型图案重合。

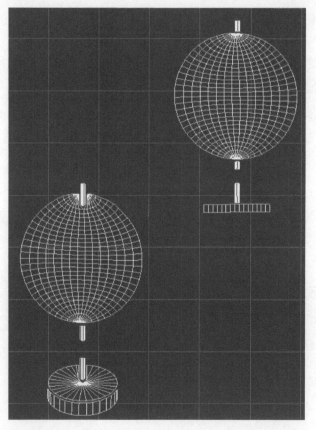

6.6.7　匹配外框部分的UV

选中外框模型，之前都是直接通过基本几何体来匹配 UV 的模型，系统有自动展开 UV，而外框模型在建模时使用了"Extrude Face"等多种复杂的编辑步骤，没有默认展开的 UV。

选中模型后，UV 编辑器中显示的 UV 与模型完全不像，选中外框的所有 UV，进行疏松。

按照外框的六个面，沿着边拆为六部分。得到如下图所示效果：两个侧面，一个外框内表面，一个外框外表面，以及上下两个底面。

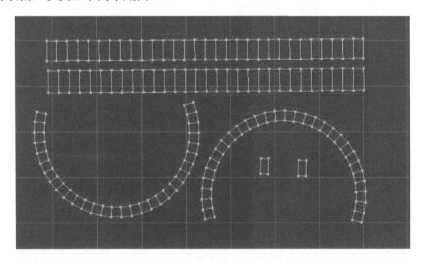

先从最容易匹配的入手，匹配两个弧形的侧面，这两个侧面在识别图的图像上都有完整的展示，只要略微调整即可。

对于外框的外面，识别图中只有在斜角地球仪中展现了上部的一部分。对于没有在图像中体现出的部分，需要把它们放在相邻的区域中，以减少视觉差异，在使用时没有那么突兀。

把外框的外表面在上部大约三分之一的位置截断，然后将这一段与图案中显示出来了的部分匹配。而剩余的三分之二段，则与其相邻的外框侧面匹配。

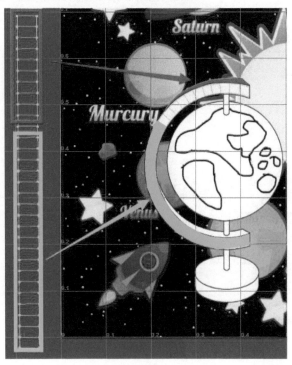

同样对于外框内侧表面，将图像上能看到的一段截取下来进行匹配，图像上看不到的部分同样匹配在临近的外框侧面。注意这里同样要避开轴的位置。

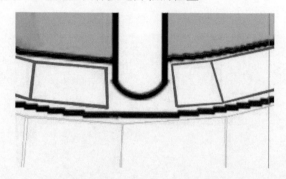

还剩外框的两个底面，也都匹配在就近的侧面。全部匹配完之后，地球仪 UV 的效果应该如下图所示。

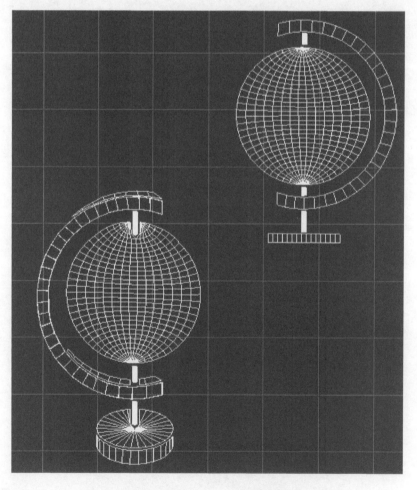

把识别图作为贴图的地球仪模型，此时显示的颜色应该如下图所示。

6.6.8　调整模型

选中除地球以外的所有地球仪组件模型，按下 Shift 键不放，单击鼠标右键，选择
"Combine"，把除地球以外的所有模型合并成为了一个物体。此时整个地球仪是两个物体，一
个是地球，另一个是地球以外的所有模型。

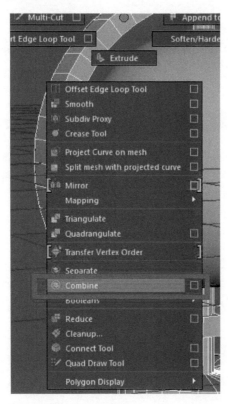

框选所有物体，向上移动，让底座正好在坐标原点上方。可以按空格键通过不同视角窗口来
查看模型的位置是否正确。

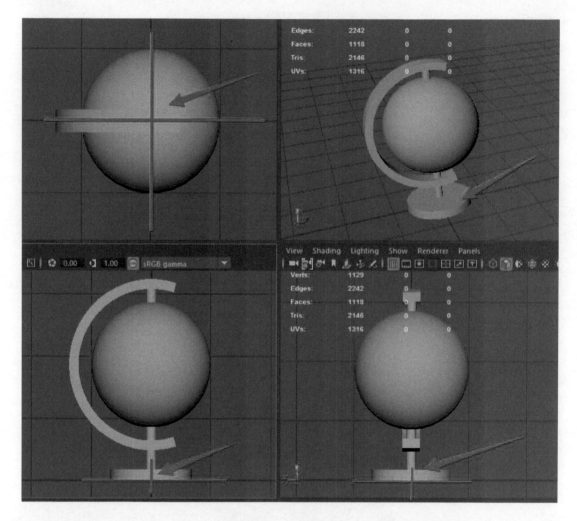

对地球仪执行以下三步操作：a.冻结变换。b.删除历史。c.坐标轴回归物体中心。

对地球仪其余配件所合并的物体执行以下两步操作：a.冻结变换。b.删除历史。注意这个物体的坐标轴是特殊指定的，不能把它归零。

6.6.9 导出模型

选中地球模型，在菜单栏中执行"File"→"Export Selection"命令后，打开导出设置面板。在文件类型的位置选择 FBX（如果此处没有 FBX 选项，则需要在插件设置中将 FBX 勾选，在菜单栏中执行"Windows"→"Settings/Preferences"→"Plug-in Manager"命令，将所有带"FBX"字样的插件勾选）。

单击下方的"Export Selection"按钮，选择路径，命名为 Earth。再选中地球仪其他配件合

成的物体执行相同的操作，命名为 Frame。

 ## 6.7 涂色 AR 编程第一阶段

6.7.1 第一阶段目标

第一阶段要实现的目标是：

1. 通过 App 显示地球仪模型。
2. 通过按钮将 AR 显示的内容进行截屏操作。
3. 将截屏所得的内容作为贴图附给模型。

6.7.2 创建项目

为了更加快捷地进行开发，在项目中直接使用 EasyAR 的官方案例作为项目文件进行编辑。

在 EasyAR 官方案例中找到"HelloAR"文件夹，这个文件夹就是一个 Unity 项目文件，把它复制出来更换文件夹的名字为"ColorAR"。

用 Unity 打开这个项目，首先要在资源管理面板中新建几个文件夹，便于存放和管理资源文件，在"Assets"面板空白处单击鼠标右键并选择"Create"→"Folder"，更改文件夹名称。

创建"Scenes"存储和管理场景文件、"Scripts"存储和管理脚本文件、"Fbxes"存储和管理 Fbx 格式的模型文件、"Materials"存储和管理材质文件、"Textures"存储和管理贴图纹理文件、"Pics"存储和管理除贴图以外的图片文件。

在"HelloAR"→"Scenes"中找到官方的示例场景"HelloAR"，把它复制一份，拖动到刚才自己创建的第一层级"Scenes"文件夹中，并将其改名为"ColorAR_01"。

进入这个场景，给 AR 摄像机"EasyAR_Startup"添加秘钥（AR 密钥查阅 4.2），运行测试，确保目前场景本身运行正常。

将之前导出的两个 FBX 格式的模型拖动到资源管理面板的"Fbxes"文件夹中。

将之前制作的图片"Card_01"和"Card_02"拖动到"Pics"文件夹中，之后作为参考图。

将"Card_02"再拖动一次，将其拖动到"StreamingAssets"文件夹中，之后作为识别信息，"StreamingAssets"这个文件夹比较特殊，作为识别信息的图片一定要放在这个文件夹中。

这样准备工作就做好了。

6.7.3　配置识别图与模型

当前场景中有三个识别图，现在删除"ImageTarget-JsonFile-ARGame"与"ImageTarget-JsonFile-idback"。将"ImageTarget-Image"改名为"Color_Image"。

单击"Color_Image"前方的三角，将子物体全部删除。

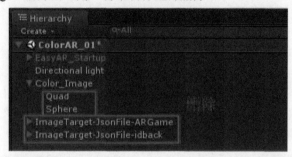

替换识别图信息：选择识别图，在检视面板"Inspector"中，找到识别图配置属性，把识别信息指定为存入到"StreamingAssets"文件夹中的"Card_02"图片。

Path 中需要输入图片文件的全称包括文件后缀名，因此改为"Card_02.png"。

Name 中输入图片的名字"Card_02"。

Size 是识别图在 Unity 中的尺寸，制作的"Card_02"为正方形，因此这里把 Size 改为 X:10, Y:10。

Strorage 选择 Assets。

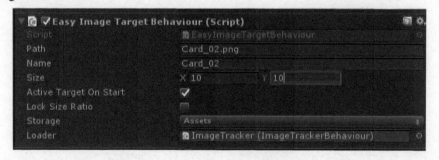

此时场景中识别图依旧显示之前的官方图案，因为场景中显示的图案是独立的材质球，作为参考使用，与配置的识别信息无关。

即便不更改这个显示的图案，此时运行，识别的图案已经是刚才定义的地球仪识别图

"Card_02"了。

但为了方便操作与观察，需要将这个参考图案也替换为"Card_02",在资源管理面板的"Materials"文件夹中，新建一个材质并命名为"Mat_Color"。Shader 类型选择"Mobile/Diffuse"，贴图选择"Pics"文件夹中的"Card_02"。

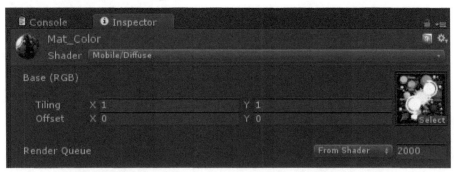

把材质拖动到识别图"Color_Image"上，可以正确显示识别图。

把"Fbxes"文件夹中的模型也拖动到场景中，可能由于建模时的单位尺寸和 Unity 不同，导入进来的模型会很小，需要把模型放大。

调整模型的位置，放在识别图的上方，如下图所示。

把"Earth"和"Frame"都作为识别图的子物体，运行测试。此时的效果应该如下图所示。

6.7.4 替换模型贴图

在"Materials"文件夹中新建材质，命名为"Mat_Model"，材质的 Shader 类型选择 "Mobile/Diffuse"。把材质拖动到模型"Earth"与"Frame"上（"Frame"材质需要拖动到子物体中的网格物体上）。

当前模型贴图为空，是白色的，通过程序给模型替换贴图。

在"Scripts"文件夹中新建一个脚本，单击鼠标右键并执行"Create→C#Script"命令，将其命名为"Change_T"，打开脚本。

声明两个变量存储地球模型与贴图。在 Start 函数中将贴图指定给模型的材质。

```
using System.Collections;
using System.Collections.Generic;
using UnityEngine;

public class Change_T : MonoBehaviour {

    public GameObject Earth;
    //申请 GameObject 类型的变量   存储地球模型

    public Texture Card_01;
    //申请 Texture 类型的变量   存储 Card_01 图片

    // Use this for initialization
    void Start () {
        Earth.GetComponent<Renderer>().material.mainTexture = Card_01;
        //将地球模型材质的主贴图替换为 Card_01
```

```
    }

    // Update is called once per frame
    void Update () {

    }
}
```

在场景管理面板中新建一个空物体，命名为"Script_Manager"，用来挂载脚本。把脚本拖动到这个空物体上，在属性面板中，给这两个变量赋值，将场景管理面板中的"Earth"模型赋值给变量 Earth。将资源管理面板"Pics"文件夹中的"Card_01"图片赋值给变量 Card_01。

运行，此时显示出的地球仪模型就以 Card_01 作为贴图，地球上有之前绘出的线条。

6.7.5　使用按钮替换贴图

按钮属于 UI 元素，这里使用 Unity 自带的 UGUI 系统制作各种 UI 元素。

新建一个 UGUI 按钮"Button"。

双击"Button"，将操作视角移动到适合的观察角度，调整按钮的大小，放在画布的右上角。更改 Button 子物体 Text 文字组件中的文字内容和文字大小。

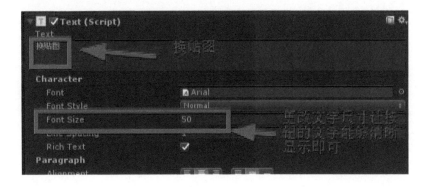

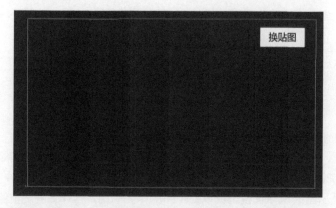

现在要使用这个按钮来切换模型的贴图。打开"Change_T"脚本。

写一个新的公有函数 Button_T，把之前写在 Start 函数中替换贴图的代码剪切到新的公有函数中。

```csharp
using System.Collections;
using System.Collections.Generic;
using UnityEngine;

public class Change_T : MonoBehaviour {

    public GameObject Earth;
    //申请 GameObject 类型的变量 存储地球模型

    public Texture Card_01;
    //申请 Texture 类型的变量 存储 Card_01 图片

    // Use this for initialization
    void Start () {

    }

    // Update is called once per frame
    void Update () {

    }

    //换贴图的按钮函数
    public void Button_T() {
        Earth.GetComponent<Renderer>().material.mainTexture = Card_01;
        //将地球模型材质的主贴图替换为 Card_01
    }

}
```

在按钮的点击事件中添加这个函数，选择按钮，在检视面板中找到 OnClick()。单击下方的加号，在出现的对象栏中拖入挂载脚本的物体"Script_Manager"，在其后方选择刚才编写的用来替换贴图的函数 Button_T。

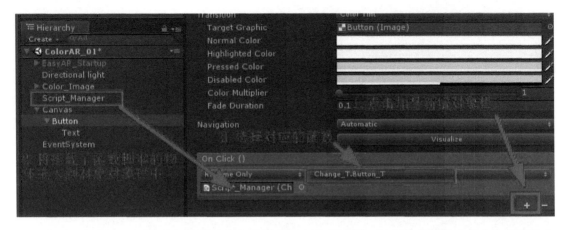

此时运行程序，扫描到识别图后出现的模型依旧是无贴图，只有单击按钮时才会给模型附上指定的贴图"Card_01"。

6.7.6　屏幕截图

打开"Change_T"，将按钮函数中的代码删除，在其中写入截图函数。

截取的屏幕画面需要用 Texture2D 这个类型存储，所以先申请一个 Texture2D 类型的变量。

```
Texture2D Te = new Texture2D(Screen.width, Screen.height, TextureFormat.RGB24,
false);
```

括号中的属性：首先定义它的宽高；然后是纹理模式，可以当成是颜色模式；最后是否使用 mipmap，mipmap 本身是一个纹理分级，会生成不同级别的纹理，当在屏幕中出现的截图大小不同时给予不同级别的纹理。在这里不需要，就把它设置为 false。

然后利用这个 Texture2D 来读取屏幕的像素点，也就是将它生成屏幕截图。

```
Te.ReadPixels(new Rect(0, 0, Screen.width, Screen.height), 0, 0);
```

在这个 Rect 中前两个位置定义了截图的起始的 x, y 坐标，后两个位置定义了截图的宽高。最后两个位置定义了读取的图像从 Texture2D 的什么位置开始填充。

使用 Apply 来确认刚才 Texture2D 的截屏操作。

```
Te.Apply();
```

把截屏的图像作为贴图赋值给地球模型。

```
Earth.GetComponent<Renderer>().material.mainTexture = Te;
```

这样截图并且将其作为贴图的步骤就完成了。完整代码如下。

```
using System.Collections;
using System.Collections.Generic;
using UnityEngine;

public class Change_T : MonoBehaviour {

    public GameObject Earth;
    //申请 GameObject 类型的变量 存储地球模型
```

```
public Texture Card_01;
//申请 Texture 类型的变量　存储 Card_01 图片

public Material Mat_Model;

// Use this for initialization
void Start () {

}

// Update is called once per frame
void Update () {

}

//换贴图的按钮函数
public void Button_T() {

    Texture2D Te = new Texture2D(Screen.width, Screen.height,
TextureFormat.RGB24, false);
    //申请 Texture2D 类型的变量宽高为（Screen.width, Screen.height）
    //颜色模式为 TextureFormat.RGB24
    //不适用 mipmap

    Te.ReadPixels(new Rect(0, 0, Screen.width, Screen.height), 0, 0);
    //用 Texture2D 类型的变量 Te 来读取屏幕像素
    //读取的起始点为屏幕的（0,0）点，读取的宽高为屏幕的宽高
    //将读取到的屏幕图像从 Te 的（0,0）点开始填充

    Te.Apply();
    //执行对 Texture2D 的操作

    Earth.GetComponent<Renderer>().material.mainTexture = Te;
    //将地球模型材质的主贴图替换为 Card_01

    }

}
```

保存脚本，发布以后测试结果如下图所示。

截屏画面已经作为贴图附给了模型，但是显然贴图并没有正确地贴在模型上。

这是因为在打开程序时，屏幕所显示的画面如下图所示。

当截屏画面作为贴图附给模型时，其效果在模型的 UV 中的对应关系如下图所示。所以自然不可能正确地显示出来。

6.8 涂色 AR 编程第二阶段

6.8.1　第二阶段目标

第二阶段要实现的目标是：

1. 分析贴图错误的原因。
2. 获取识别图的空间范围。
3. 通过 Shader 调整贴图在模型上的显示。

4. 使用 C#向 Shader 传递坐标矫正信息。

5. 在模型上正确显示出识别图中的涂色。

6.8.2 如何获得正确的贴图

之前将屏幕截图作为贴图附给模型后，模型 UV 与截屏画面的匹配关系并不正确，导致了模型上的显示出现错误。

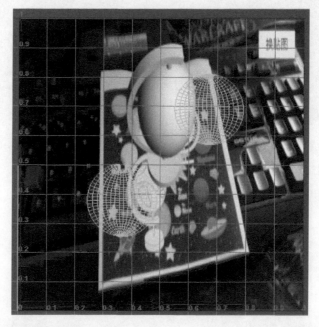

要获得正确的贴图需要进行以下几个步骤：

1. 消除屏幕中模型对于截图的影响。

2. 获取识别图在世界坐标中的正确范围——识别图是四边形面片。确定识别图在世界坐标中的范围，也就是确定这个四边形四个点的位置，即四个点在世界坐标系中的坐标点。

3. 将截图时识别图在世界坐标的位置通过矩阵转换在着色器 Shader 中以正向平面的形式呈现出来。

4. 此时这个转化过的屏幕截图作为贴图附给模型，模型的 UV 与贴图就能正确匹配。

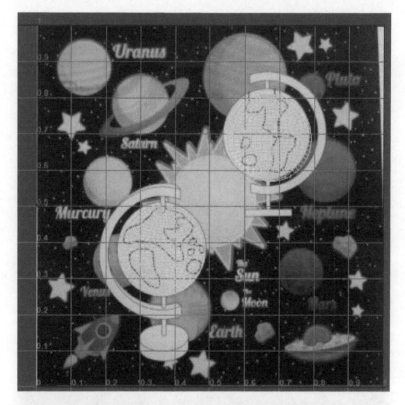

6.8.3　获取截屏时识别图四个角的坐标

删除脚本之前的测试脚本"Change_T"，新建一个脚本，命名为"Area"。打开脚本，申请四个变量用来记录识别图四个角的坐标。

这里使用私有变量，即将之前使用的 public 关键字替换为 private。私有变量不显示在检视面板中，也无法被其他脚本调用，但是更节省资源。

存储三维坐标使用 Vector3 类型的变量，变量名尽量直观一些。

```
private Vector3 TopLeft_Pl_W;
```

```
private Vector3 BottomLeft_Pl_W;
private Vector3 TopRight_Pl_W;
private Vector3 BottomRight_Pl_W;
```

识别图四个角的坐标是无法直接提取的，能够直接提取的位置信息是识别图本身的位置，也就是识别图的中心点。

申请公有变量存储识别图本身，申请私有变量存储识别图的世界坐标。

```
public GameObject Card_Track;
private Vector3 Center_Card;
```

新建一个公有函数，并命名为 "Get_Position"，在这个函数中获取识别图的世界坐标。

```
Center_Card = Card_Track.transform.position;
```

由于识别图的长宽是确定的，所以可以通过长宽与中心的坐标来获取四个角的坐标。

如下图所示，例如识别图当前的世界坐标为（a,b,c），识别图的高为 H，宽为 W。

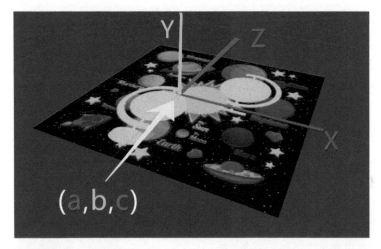

那么右下角的坐标为（a+H/2,b,c-W/2）。

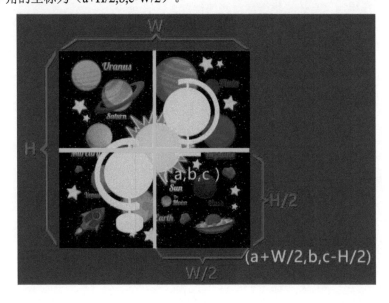

以此类推，左上角的坐标为（a-W/2,b,c+H/2）

左下角的坐标为（a-W/2,b,c-H/2）

右上角的坐标为（a+W/2,b,c+H/2）

至于 y 轴的坐标则始终与识别图的坐标保持一致，这是因为识别图本身在程序中没有倾斜，画面中的倾斜是由于摄像机视角造成的。不明白的读者可以翻阅一下 AR 显示原理部分。

那么在脚本中，首先申请变量，用来记录识别图宽高的一半。

```
private float Half_W;
private float Half_H;
```

计算面片的宽与高。获取识别图的宽的使用代码为 GetComponent<MeshFilter>().mesh.bounds.size.x;。

注意由于识别图本身有缩放过，而这个代码是获取面片原始的宽，因此在使用的时候需要乘以缩放的系数。例如书中识别图被缩放了 10 倍，则计算的时候就要乘以 10。

而由于获取的是宽与高的一半，所以最后还要乘以 0.5f。

在函数中进行计算与赋值。

```
Half_W=Card_Track.GetComponent<MeshFilter>().mesh.bounds.size.x*10*0.5f;
Half_H=Card_Track.GetComponent<MeshFilter>().mesh.bounds.size.z*10*0.5f;
```

在函数中计算识别图四个角的位置。注意加减 x, z 位置的时候，使用了一个新的三维向量与识别图的向量进行相加，会让三维坐标对应的位置进行计算。

```
TopLeft_Pl_W = Center_Card + new Vector3(- Half_W, 0, Half_H);
BottomLeft_Pl_W = Center_Card + new Vector3(-Half_W, 0, -Half_H);
TopRight_Pl_W = Center_Card + new Vector3(Half_W, 0, Half_H);
BottomRight_Pl_W = Center_Card + new Vector3(Half_W, 0, -Half_H);
```

此时完整代码如下：

```
using System.Collections;
using System.Collections.Generic;
using UnityEngine;

public class Area : MonoBehaviour {

    private Vector3 TopLeft_Pl_W;
    //申请 Vector3 类型的变量 记录面片左上角的世界坐标
    private Vector3 BottomLeft_Pl_W;
    //申请 Vector3 类型的变量 记录面片左下角的世界坐标
    private Vector3 TopRight_Pl_W;
    //申请 Vector3 类型的变量 记录面片右上角的世界坐标
    private Vector3 BottomRight_Pl_W;
```

```
        //申请 Vector3 类型的变量 记录面片右下角的世界坐标

    public GameObject Card_Track;
    //申请 GameObject 类型的变量 存储识别图
    private Vector3 Center_Card;
    //申请 Vector3 类型的变量 存储识别图的世界坐标
    private float Half_W;
    //申请 float 类型的变量 存储识别图宽的一半
    private float Half_H;
    //申请 float 类型的变量 存储识别图高的一半

    // Use this for initialization
    void Start () {

}

// Update is called once per frame
void Update () {

}

    public void Get_Position() {
        Center_Card = Card_Track.transform.position;
        //获取识别图的世界坐标
        Half_W = Card_Track.GetComponent<MeshFilter>().mesh.bounds.size.x*10*0.5f;
        //获取识别图宽的一半 注意 10 是识别图缩放的系数
        Half_H = Card_Track.GetComponent<MeshFilter>().mesh.bounds.size.z*10*0.5f;
        //获取识别图高的一半 注意 10 是识别图缩放的系数
        TopLeft_Pl_W = Center_Card + new Vector3(- Half_W, 0, Half_H);
        //计算识别图左上角的世界坐标
        BottomLeft_Pl_W = Center_Card + new Vector3(-Half_W, 0, -Half_H);
        //计算识别图左下角的世界坐标
        TopRight_Pl_W = Center_Card + new Vector3(Half_W, 0, Half_H);
        //计算识别图右上角的世界坐标
        BottomRight_Pl_W = Center_Card + new Vector3(Half_W, 0, -Half_H);
        //计算识别图右下角的世界坐标
    }
}
```

6.8.4　涂色AR中的Shader

将屏幕截图中的识别图范围选定出来后,将它的位置重新定位到正常平面的操作是在着色器 Shader 中完成的。

由于 Shader 本身是一个很复杂的专业，本书不做详细解释，笔者提供写好的 Shader 供大家使用，读者在这部分只需要知道这个 Shader 的作用即可。

可以在随书提供的资料中将 Shader 直接拖动到项目中，也可以新建一个 Shader 把内容抄进去。

找到地球仪的材质，将材质中的 Shader 指定为这个 AR 涂色中的专用 Shader。

```
Shader "Color/Special" {
//Shader 的路径和名称
    Properties {
    //材质属性面板中所显示的 Shader 属性面板
        _MainTex ("Base (RGB)", 2D) = "white" {}
        //"_MainTex"在 Shader 中调用时所使用的名称
```

```
        //"Base (RGB)"在面板中显示的名称
        //"2D"2D 纹理
        //"white"给这个属性的默认值

        //从 C#中获取截图时 识别图四个点世界坐标
        _Uvpoint1("point1", Vector) = (0 , 0 , 0 , 0)
        //"_Uvpoint1"在 Shader 中调用时所使用的名称
        //"point1"在面板中所显示的名称
        //Vector 四个浮点数组成的类型
        //"0 , 0 , 0 , 0"附的初始值
        _Uvpoint2("point2", Vector) = (0 , 0 , 0 , 0)
        _Uvpoint3("point3", Vector) = (0 , 0 , 0 , 0)
        _Uvpoint4("point4", Vector) = (0 , 0 , 0 , 0)

    }

    //" SubShader"着色器方案 在 Shader 中至少有一个 SubShader 显卡每次只选择一个
SubShader 如果当前硬件不支持这个 SubShader 就会选择一个针对较旧的硬件的 SubShader
    SubShader {
        Tags { "Queue"="Transparent" "RenderType"="Transparent" }
        //加入透明渲染处理，没有这一段的话赋值透明贴图时就会出现问题。
        LOD 200
        //细致程度  Level of Details 也叫作 Level of Development
        //"200"是一个代号 限制 Shader 的级别到 200 为止

        Pass{
            Blend SrcAlpha OneMinusSrcAlpha
            //加入 Alpha 的混合渲染  不加的话 Alpha 值无用
            CGPROGRAM
            //CG 开始的关键词
            #pragma vertex vert
            //编译指令 顶点程序
            #pragma fragment frag
            //编译指令 片段程序
            #include "UnityCG.cginc"
            //"UnityCG.cginc" 是使用 unity 中带的封装好的 cg 代码集合
            //有点类似于 C#中命名空间的引用

            //C#中传递来的值的引用
            sampler2D _MainTex;
            float4 _MainTex_ST;
            float4 _Uvpoint1;
            float4 _Uvpoint2;
            float4 _Uvpoint3;
            float4 _Uvpoint4;
float4x4 _VP;
//C#在截取图像时 世界坐标到摄像机坐标以及相机坐标到屏幕坐标的两个矩阵值相乘

//结构体
            struct v2f {
                float4 pos : SV_POSITION;
                float2 uv : TEXCOORD0;
                float4 fixedPos : TEXCOORD2;
            } ;

            //顶点程序和片段程序中用来计算 UV 的匹配和最护模型效果的渲染
            v2f vert (appdata_base v)
            {
                v2f o;
```

```
              o.pos = mul(UNITY_MATRIX_MVP,v.vertex);
              o.uv = TRANSFORM_TEX(v.texcoord,_MainTex);

              float4 top = lerp(_Uvpoint1, _Uvpoint3, o.uv.x);
              float4 bottom = lerp(_Uvpoint2, _Uvpoint4, o.uv.x);
              float4 fixedPos = lerp(bottom, top, o.uv.y);
              o.fixedPos = ComputeScreenPos(mul(UNITY_MATRIX_VP, fixedPos));
              return o;
          }
          float4 frag (v2f i) : COLOR
          {

      float4 top = lerp(_Uvpoint1, _Uvpoint3, i.uv.x);
              float4 bottom = lerp(_Uvpoint2, _Uvpoint4, i.uv.x);
              float4 fixedPos = lerp(bottom, top, i.uv.y);
      fixedPos = ComputeScreenPos(mul(_VP, fixedPos));
              return tex2D(_MainTex, fixedPos.xy / fixedPos.w);


          }
          ENDCG
          //CG 结束的关键词
      }
  }

}
```

6.8.5　C#向Shader传递信息

需要将 C#脚本中计算得到的信息传递给 Shader，才能让识别图中的涂色正确显示。

先将识别图四个角的坐标传递给模型的 Shader。

申请公有变量记录地球模型、地球配件模型。

```
public GameObject Earth;
public GameObject Frame;
```

在函数 "Get_Position" 中给这两个模型的 Shader 传递识别图四个角的坐标。由于 Shader 中对应的矩阵是四位浮点数，所以传递的时候也要在最后加一位，补齐四位浮点数。

```
Earth.GetComponent<Renderer>().material.SetVector("_Uvpoint1", new Vector4
(TopLeft_Pl_W.x, TopLeft_Pl_W.y, TopLeft_Pl_W.z, 1f));
    Earth.GetComponent<Renderer>().material.SetVector("_Uvpoint2", new Vector4
(BottomLeft_Pl_W.x,BottomLeft_Pl_W.y,BottomLeft_Pl_W.z, 1f));
    Earth.GetComponent<Renderer>().material.SetVector("_Uvpoint3", new Vector4
(TopRight_Pl_W.x, TopRight_Pl_W.y, TopRight_Pl_W.z, 1f));
    Earth.GetComponent<Renderer>().material.SetVector("_Uvpoint4", new Vector4
(BottomRight_Pl_W.x, BottomRight_Pl_W.y, BottomRight_Pl_W.z, 1f));

    Frame.GetComponent<Renderer>().material.SetVector("_Uvpoint1", new Vector4
(TopLeft_Pl_W.x, TopLeft_Pl_W.y, TopLeft_Pl_W.z, 1f));
    Frame.GetComponent<Renderer>().material.SetVector("_Uvpoint2", new Vector4
(BottomLeft_Pl_W.x, BottomLeft_Pl_W.y, BottomLeft_Pl_W.z, 1f));
     Frame.GetComponent<Renderer>().material.SetVector("_Uvpoint3", new Vector4
(TopRight_Pl_W.x, TopRight_Pl_W.y, TopRight_Pl_W.z, 1f));
    Frame.GetComponent<Renderer>().material.SetVector("_Uvpoint4", new Vector4
(BottomRight_Pl_W.x, BottomRight_Pl_W.y, BottomRight_Pl_W.z, 1f));
```

要传递的信息除了识别图四个角的坐标，还有截图时摄像机与物体之间的矩阵关系，确定矩阵关系的代码如下。矩阵的知识较为复杂，这里做到会用即可。

```
Matrix4x4 P = GL.GetGPUProjectionMatrix(Camera.main.projectionMatrix, false);
Matrix4x4 V = Camera.main.worldToCameraMatrix;
Matrix4x4 VP = P * V;
Earth.GetComponent<Renderer>().material.SetMatrix("_VP", VP);
Frame.GetComponent<Renderer>().material.SetMatrix("_VP", VP);
```

此时，所有需要 C#给 Shader 传递的信息就全部完成。完整代码如下。

```
using System.Collections;
using System.Collections.Generic;
using UnityEngine;

public class Area : MonoBehaviour {

    private Vector3 TopLeft_Pl_W;
    //申请 Vector3 类型的变量 记录面片左上角的世界坐标
    private Vector3 BottomLeft_Pl_W;
    //申请 Vector3 类型的变量 记录面片左下角的世界坐标
    private Vector3 TopRight_Pl_W;
    //申请 Vector3 类型的变量 记录面片右上角的世界坐标
    private Vector3 BottomRight_Pl_W;
    //申请 Vector3 类型的变量 记录面片右下角的世界坐标

    public GameObject Card_Track;
    //申请 GameObject 类型的变量 存储识别图
    private Vector3 Center_Card;
    //申请 Vector3 类型的变量 存储识别图的世界坐标
    private float Half_W;
    //申请 float 类型的变量 存储识别图宽的一半
    private float Half_H;
    //申请 float 类型的变量 存储识别图高的一半

    public GameObject Earth;
    //记录地球模型
    public GameObject Frame;
    //记录地球外框模型

    // Use this for initialization
    void Start () {

    }

    // Update is called once per frame
    void Update () {

    }

    public void Get_Position() {
        Center_Card = Card_Track.transform.position;
        //获取识别图的世界坐标
        Half_W = Card_Track.GetComponent<MeshFilter>().mesh.bounds.size.x*10*0.5f;
        //获取识别图宽的一半 注意 10 是识别图缩放的系数
        Half_H = Card_Track.GetComponent<MeshFilter>().mesh.bounds.size.z*10*0.5f;
        //获取识别图高的一半 注意 10 是识别图缩放的系数
        TopLeft_Pl_W = Center_Card + new Vector3(- Half_W, 0, Half_H);
        //计算识别图左上角的世界坐标
        BottomLeft_Pl_W = Center_Card + new Vector3(-Half_W, 0, -Half_H);
        //计算识别图左下角的世界坐标
        TopRight_Pl_W = Center_Card + new Vector3(Half_W, 0, Half_H);
        //计算识别图右上角的世界坐标
```

```
        BottomRight_Pl_W = Center_Card + new Vector3(Half_W, 0, -Half_H);
        //计算识别图右下角的世界坐标

        //将截图时识别图四个角的世界坐标信息传递给地球模型的 Shader
        Earth.GetComponent<Renderer>().material.SetVector("_Uvpoint1", new
Vector4(TopLeft_Pl_W.x, TopLeft_Pl_W.y, TopLeft_Pl_W.z, 1f));
        //将左上角的世界坐标传递给 Shader，其中 1f 是为了凑齐四位浮点数，用来进行后续的矩阵
变换操作
        Earth.GetComponent<Renderer>().material.SetVector("_Uvpoint2", new
Vector4(BottomLeft_Pl_W.x, BottomLeft_Pl_W.y, BottomLeft_Pl_W.z, 1f));
        Earth.GetComponent<Renderer>().material.SetVector("_Uvpoint3", new
Vector4(TopRight_Pl_W.x, TopRight_Pl_W.y, TopRight_Pl_W.z, 1f));
        Earth.GetComponent<Renderer>().material.SetVector("_Uvpoint4", new
Vector4(BottomRight_Pl_W.x, BottomRight_Pl_W.y, BottomRight_Pl_W.z, 1f));

        //将截图时识别图四个角的世界坐标信息传递给地球仪配件模型的 Shader
        Frame.GetComponent<Renderer>().material.SetVector("_Uvpoint1", new
Vector4(TopLeft_Pl_W.x, TopLeft_Pl_W.y, TopLeft_Pl_W.z, 1f));
        //将左上角的世界坐标传递给 Shader，其中 1f 是为了凑齐四位浮点数，用来进行后续的矩阵
变换操作
        Frame.GetComponent<Renderer>().material.SetVector("_Uvpoint2", new
Vector4(BottomLeft_Pl_W.x, BottomLeft_Pl_W.y, BottomLeft_Pl_W.z, 1f));
        Frame.GetComponent<Renderer>().material.SetVector("_Uvpoint3", new
Vector4(TopRight_Pl_W.x, TopRight_Pl_W.y, TopRight_Pl_W.z, 1f));
        Frame.GetComponent<Renderer>().material.SetVector("_Uvpoint4", new
Vector4(BottomRight_Pl_W.x, BottomRight_Pl_W.y, BottomRight_Pl_W.z, 1f));

        //确定坐标间的矩阵关系 并将信息传递给对应模型的 shader
        Matrix4x4  P  =  GL.GetGPUProjectionMatrix(Camera.main.projectionMatrix,
false);
        //获取截图时 GPU 的投影矩阵
        Matrix4x4 V = Camera.main.worldToCameraMatrix;
        //获取截图时世界坐标到相机的矩阵
        Matrix4x4 VP = P * V;
        //存储两个矩阵的乘积
        Earth.GetComponent<Renderer>().material.SetMatrix("_VP", VP);
        //将截图时的矩阵转换信息传递给 Shader
        Frame.GetComponent<Renderer>().material.SetMatrix("_VP", VP);
        //将截图时的矩阵转换信息传递给 Shader

    }
}
```

6.8.6　将识别图涂色正确地附在模型上

新写一个新的函数，并命名为"ScreenShot"，用来截图和给模型附贴图。

```
public void ScreenShot() {
        Texture2D Te = new Texture2D(Screen.width, Screen.height, TextureFormat.RGB24,
false);

        Te.ReadPixels(new Rect(0, 0, Screen.width, Screen.height), 0, 0);

        Te.Apply();

        Earth.GetComponent<Renderer>().material.mainTexture = Te;
        Frame.GetComponent<Renderer>().material.mainTexture = Te;

    }
```

写一个新的函数命名为"Button_Draw"作为按钮的功能函数。在这个函数中，调用之前编写的截图函数与定位函数。

```
public void Button_Draw() {
    ScreenShot();
    Get_Position();
}
```

保存脚本，把"Script_Manager"上之前的脚本删除掉，将新的脚本附上来。给脚本的变量赋值，注意其中 Frame 赋值时对应的是 Frame 中的网格模型。

在按钮上，把点击按钮事件的函数更换为刚才编辑的"Button_Color"函数。

此时如果扫描到识别图的话，模型本身依旧会对截图造成影响，因此，先导入一张透明贴图。把透明贴图附给模型的材质将模型隐藏起来。透明图片可以从随书资料中下载，也可以自己使用 PS 保存一张 PNG 格式的透明背景图片。

导出 App 测试，笔者将识别卡涂了颜色，如下图所示。

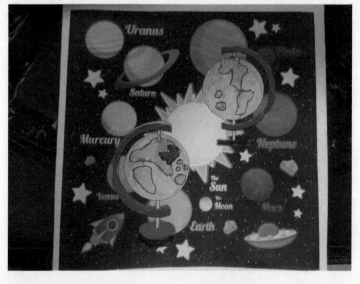

此时使用 App 扫描识别图，单击按钮，效果如下图所示。

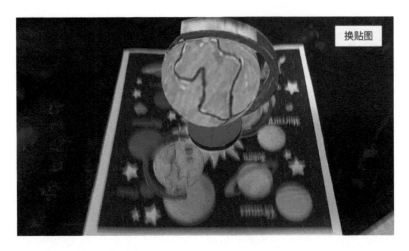

到此，涂色 AR 的主要功能就已经完成了。

完整代码如下：

```
using System.Collections;
using System.Collections.Generic;
using UnityEngine;

public class Area : MonoBehaviour {

    private Vector3 TopLeft_Pl_W;
    //申请 Vector3 类型的变量 记录面片左上角的世界坐标
    private Vector3 BottomLeft_Pl_W;
    //申请 Vector3 类型的变量 记录面片左下角的世界坐标
    private Vector3 TopRight_Pl_W;
    //申请 Vector3 类型的变量 记录面片右上角的世界坐标
    private Vector3 BottomRight_Pl_W;
    //申请 Vector3 类型的变量 记录面片右下角的世界坐标

    public GameObject Card_Track;
    //申请 GameObject 类型的变量 存储识别图
    private Vector3 Center_Card;
    //申请 Vector3 类型的变量 存储识别图的世界坐标
    private float Half_W;
    //申请 float 类型的变量 存储识别图宽的一半
    private float Half_H;
    //申请 float 类型的变量 存储识别图高的一半

    public GameObject Earth;
    //记录地球模型
    public GameObject Frame;
    //记录地球外框模型

    // Use this for initialization
    void Start () {

    }

    // Update is called once per frame
    void Update () {

    }
```

```
        public void Get_Position() {

            //获取坐标位置
            Center_Card = Card_Track.transform.position;
            //获取识别图的世界坐标
            Half_W = Card_Track.GetComponent<MeshFilter>().mesh.bounds.size.x*10*0.5f;
            //获取识别图宽的一半 注意10是识别图缩放的系数
            Half_H = Card_Track.GetComponent<MeshFilter>().mesh.bounds.size.z*10*0.5f;
            //获取识别图高的一半 注意10是识别图缩放的系数
            TopLeft_Pl_W = Center_Card + new Vector3(- Half_W, 0, Half_H);
            //计算识别图左上角的世界坐标
            BottomLeft_Pl_W = Center_Card + new Vector3(-Half_W, 0, -Half_H);
            //计算识别图左下角的世界坐标
            TopRight_Pl_W = Center_Card + new Vector3(Half_W, 0, Half_H);
            //计算识别图右上角的世界坐标
            BottomRight_Pl_W = Center_Card + new Vector3(Half_W, 0, -Half_H);
            //计算识别图右下角的世界坐标

            //将截图时识别图四个角的世界坐标信息传递给地球模型的 Shader
            Earth.GetComponent<Renderer>().material.SetVector("_Uvpoint1", new
Vector4(TopLeft_Pl_W.x, TopLeft_Pl_W.y, TopLeft_Pl_W.z, 1f));
            //将左上角的世界坐标传递给 Shader ，其中 1f 是为了凑齐四位浮点数 ，用来进行后续的矩阵
变换操作
            Earth.GetComponent<Renderer>().material.SetVector("_Uvpoint2", new
Vector4(BottomLeft_Pl_W.x, BottomLeft_Pl_W.y, BottomLeft_Pl_W.z, 1f));
            Earth.GetComponent<Renderer>().material.SetVector("_Uvpoint3", new
Vector4(TopRight_Pl_W.x, TopRight_Pl_W.y, TopRight_Pl_W.z, 1f));
            Earth.GetComponent<Renderer>().material.SetVector("_Uvpoint4", new
Vector4(BottomRight_Pl_W.x, BottomRight_Pl_W.y, BottomRight_Pl_W.z, 1f));

            //将截图时识别图四个角的世界坐标信息传递给地球仪配件模型的 Shader
            Frame.GetComponent<Renderer>().material.SetVector("_Uvpoint1", new
Vector4(TopLeft_Pl_W.x, TopLeft_Pl_W.y, TopLeft_Pl_W.z, 1f));
            //将左上角的世界坐标传递给 Shader ，其中 1f 是为了凑齐四位浮点数 ，用来进行后续的矩阵
变换操作
            Frame.GetComponent<Renderer>().material.SetVector("_Uvpoint2", new
Vector4(BottomLeft_Pl_W.x, BottomLeft_Pl_W.y, BottomLeft_Pl_W.z, 1f));
            Frame.GetComponent<Renderer>().material.SetVector("_Uvpoint3", new
Vector4(TopRight_Pl_W.x, TopRight_Pl_W.y, TopRight_Pl_W.z, 1f));
            Frame.GetComponent<Renderer>().material.SetVector("_Uvpoint4", new
Vector4(BottomRight_Pl_W.x, BottomRight_Pl_W.y, BottomRight_Pl_W.z, 1f));

            //确定坐标间的矩阵关系 并将信息传递给对应模型的 shader
            Matrix4x4 P = GL.GetGPUProjectionMatrix(Camera.main.projectionMatrix,
false);
            //获取截图时 GPU 的投影矩阵
            Matrix4x4 V = Camera.main.worldToCameraMatrix;
            //获取截图时世界坐标到相机的矩阵
            Matrix4x4 VP = P * V;
            //储存两个矩阵的乘积
            Earth.GetComponent<Renderer>().material.SetMatrix("_VP", VP);
            //将截图时的矩阵转换信息传递给 Shader
            Frame.GetComponent<Renderer>().material.SetMatrix("_VP", VP);
            //将截图时的矩阵转换信息传递给 Shader

        }

    public void ScreenShot() {
        Texture2D Te = new Texture2D(Screen.width, Screen.height, TextureFormat.RGB24,
false);
```

```
    //申请 Texture2D 类型的变量宽高为 (Screen.width, Screen.height)
    //颜色模式为 TextureFormat.RGB24
    //不适用 mipmap

    Te.ReadPixels(new Rect(0, 0, Screen.width, Screen.height), 0, 0);
    //用 Texture2D 类型的变量 Te 来读取屏幕像素
    //读取的起始点为屏幕的 (0,0) 点，读取的宽高为屏幕的宽高
    //将读取到的屏幕图像从 Te 的 (0,0) 点开始填充

    Te.Apply();
    //执行对 Texture2D 的操作

    Earth.GetComponent<Renderer>().material.mainTexture = Te;
    //将地球模型材质的主贴图替换为屏幕截图
    Frame.GetComponent<Renderer>().material.mainTexture = Te;
    //将地球仪配件模型材质的主贴图替换为屏幕截图
    }

    public void Button_Color() {
        ScreenShot();
        //调用截屏函数
        Get_Position();
        //调用坐标获取函数
    }
}
```

6.8.7　第二阶段可能出现的异常情况

目前单纯使用按钮截图，在使用过程中很可能会有以下几种情况出现。

1. 当前屏幕范围中没有识别图，此时由于误操作等问题单击了按钮，那么截图中自然不会有任何可以对应的贴图信息，当显示到模型时，模型贴图错误。

2. 屏幕中有识别图，但是识别图尚未被识别，此时有的截图可以传递给模型，不过既然没有激活识别图，此时摄像机与识别图的相对关系无法确定，导致 C#向 Shader 传递的矩阵关系信息是错误的，模型显示错误。

3. 程序中已经识别到了识别图，但是截图时识别图在屏幕中的显示不全，截图后模型上会有缺失部分。如下图所示：识别图左下角尚未进入屏幕区域，此时截图，则地球仪底座的涂色信息无法呈现在贴图中。

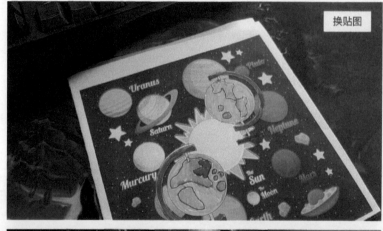

4. 截图时摄像机对焦未完成或者屏幕抖动，造成截图模糊。

5. 屏幕上的 UI 元素对截图中的涂色内容造成影响。

6.9　涂色 AR 编程第三阶段

6.9.1　第三阶段目标

1. 使用扫描框来解决第二阶段的问题。

2. 完善互动功能。

3. 长方形识别图如何正确涂色。

6.9.2　扫描框的功能

扫描框是一个屏幕 UI，可以判断识别图的位置。它的作用如下：

1. 提示程序当前是否识别到了识别图。

2. 确保识别图完整呈现在屏幕中。

3. 识别图保持在扫描框的过程确保了摄像头有足够的对焦时间。

4. 防止 UI 对截图中涂色信息产生影响。

5. 为了保持识别图在扫描框中，我们会在操作时注意手部的稳定，这在一定程度上保证了截图时的稳定，防止图像模糊。

扫描框的具体功能：

1. 当识别图已完成程序识别但是未完全进入到扫描框时，让识别图显示红色。

2. 当识别图已完成程序识别且完全进入到扫描框时，让识别图显示绿色。

3. 在显示绿色后进入倒计时读秒，读秒期间没有移出扫描框则进行截图，将识别图上的涂色附给模型，如果读秒期间移出了扫描框则重新判断识别图位置。

6.9.3　制作扫描框与提示面片

为了确保在不同分辨率的设备上能够正常运行，先调整 UI 自适度（UI 自适度请查阅第 3 章 UGUI 部分）。

确定开发时使用的屏幕分辨率：选择移动端中常用的 1920×1080。在 Game 视图中进行修改。

对 Canvas 进行设置：渲染模式"Render Mode"设置为"Screen Space-Overlay"。UI 缩放模式"UI Scale Mode"设置为"Scale With Screen Size"。

默认分辨率填入上一步设置的分辨率 1920×1080。

准备三张 PNG 图片，分别为白色 10%透明，红色 50%透明，绿色 50%透明。白色用来暂时代表扫描框，红色用来作为识别图尚未完全进入扫描框时的提示颜色，绿色用来作为识别图完全进入扫描框时的提示颜色。

把这三张图片拖动到资源管理的 Texture 文件夹中。将白色的图片改为精灵格式，在 Canvas 中新建一个 Image 作为扫描框，命名为"Scan"。把白色图片附给"Scan"。

调整这个 Image，让它处于屏幕的中心位置，锚点居中，为了便于四个角的坐标计算，尽量让它的宽高为整数值，笔者使用的宽高为 1300×800。如下图所示。

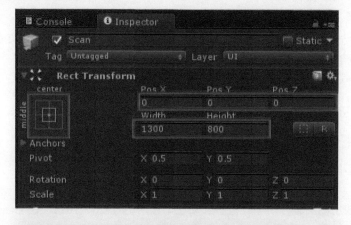

要想让识别图在不同位置时的提示颜色不同，需要在识别图上覆盖一个大小一样的面片，通过改变面片的贴图来显示不同的提示色。

新建一个 3D 面片"Plane"，放在识别图的上方。

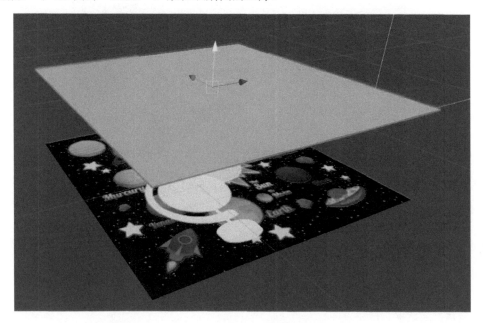

调整大小让它与识别图的宽高一样。调整它的位置参数，让它略高于识别图。

例如书中识别图的位置为（-9,0,0），则这个面片的位置可以设置为（-9,0.01,0），此时面片就完全覆盖住了识别图。

在层级上让它作为识别图的子物体。此时识别图中的层级关系为。

新建一个材质，命名为"Mat_Plane"，更改材质的 Shader 为"Mobile"→"Particles"→"Additive"，把材质拖动到"Plane"。

可以将红色或绿色的贴图附给材质"Mat_Plane"，测试效果如下图所示。由于印刷色彩原因，书中只能从颜色渐变上看出差别。

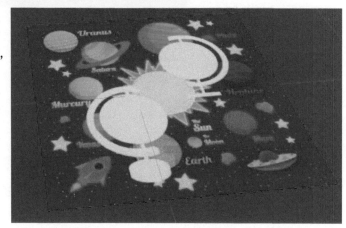

在 Unity 中可以将红色或者绿色图片附给面片的材质，因为当程序运行时红色和绿色将由程序控制，判断条件后实时进行切换。

6.9.4 获取识别图与扫描框的四角屏幕坐标

先在脚本中确定识别图四个点在屏幕上的位置。打开脚本"Area"。先将 Get_Position 函数中所有获取坐标的代码移动到 Start 函数中。因为识别图在世界坐标中的位置其实是不变的，所以只需要在开始获取一次即可。

申请四个变量用来存储识别图四个角在屏幕坐标中的位置。因为是屏幕坐标，所以要使用二维向量。

```
private Vector2 TopLeft_Pl_Sc;
private Vector2 BottomLeft_Pl_Sc;
private Vector2 TopRight_Pl_Sc;
private Vector2 BottomRight_Pl_Sc;
```

判断识别图与扫描框的关系是实时进行的，所以要把获取屏幕坐标的代码写在 Update 函数之中。通过四个角的世界坐标来实时获取对应的屏幕坐标。

```
TopLeft_Pl_Sc = Camera.main.WorldToScreenPoint(TopLeft_Pl_W);
BottomLeft_Pl_Sc = Camera.main.WorldToScreenPoint(BottomLeft_Pl_W);
TopRight_Pl_Sc = Camera.main.WorldToScreenPoint(TopRight_Pl_W);
BottomRight_Pl_Sc = Camera.main.WorldToScreenPoint(BottomRight_Pl_W);
```

申请四个变量存储扫描框的四个角坐标。

```
private Vector2 TopLeft_Scan;
private Vector2 BottomLeft_Scan;
private Vector2 TopRight_Scan;
private Vector2 BottomRight_Scan;
```

计算这四个角的坐标。现在能够直接获得的数值是屏幕的分辨率还有这个扫描框的宽与高。

要获取这四个角的坐标，实际上就是根据屏幕坐标的原理来做一道数学题，例如这个屏幕分辨率为 800×600。而扫描框的宽高为 400×300，那么数学题如下。

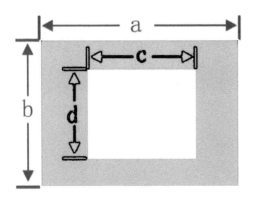
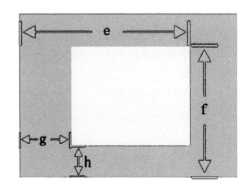

已知：绿色矩形与蓝色矩形中心点位置重合，a=800, b=600, c=400, d=300。

求：e, f, g, h 的长度。

先求出这些长度：

```
g=(a-c)/2=200    h=(b-d)/2=150
E=(a+c)/2=600    f=(b+d)/2=450
```

则扫描框四个角的坐标为：

```
左上角坐标=（g,f）=(200,450)
左下角坐标=（g,h）=(200,150)
右上角坐标=（e,f）=(600,450)
右下角坐标=（e,h）=(600,150)
```

因为屏幕的 UI 在运行时并不发生变化，因此扫描框的四个角在 Start 函数中计算，在扫描框的属性中可以查看宽高，之前书中定义过扫描框的宽高为 1300×800，屏幕宽为 Screen.width，高为 Screen.height，所以计算方法如下。

```
TopLeft_Scan = new Vector2(Screen.width - 1300, Screen.height + 800) * 0.5f;
BottomLeft_Scan = new Vector2(Screen.width - 1300, Screen.height - 800) * 0.5f;
TopRight_Scan = new Vector2(Screen.width + 1300, Screen.height + 800) * 0.5f;
BottomRight_Scan = new Vector2(Screen.width + 1300, Screen.height - 800) * 0.5f;
```

这样得到的内容并不正确，因为如果设备屏幕的分辨率与开发时所使用的分辨率不同，则 UI 元素会因为屏幕自适度的调节而进行缩放，所以要将屏幕自适度的缩放系数加进去。

申请变量用来存储屏幕自适度的系数。

```
private float X_Sc;
```

查看 Canvas 中的缩放规则，匹配的滑条在 Width 的一侧，说明自适度的缩放匹配是根据屏幕的宽度来执行的。

在 Start 函数中计算这个缩放系数，缩放系数等于当前屏幕的实际宽度除以开发时所规定的默认屏幕宽度。

```
X_Sc = Screen.width / 1920f;
```

将这个系数匹配计算扫描框坐标四点中的每一个扫描框宽高。

```
TopLeft_Scan = new Vector2(Screen.width - 1300 * X_Sc, Screen.height + 800 * X_Sc)
* 0.5f;
BottomLeft_Scan = new Vector2(Screen.width - 1300 * X_Sc, Screen.height - 800 *
X_Sc) * 0.5f;
TopRight_Scan = new Vector2(Screen.width + 1300 * X_Sc, Screen.height + 800 * X_Sc)
* 0.5f;
BottomRight_Scan = new Vector2(Screen.width + 1300 * X_Sc, Screen.height - 800
* X_Sc) * 0.5f;
```

此时识别图和扫描框四个角的屏幕坐标就已经全部计算出来了。完整代码如下。

```
using System.Collections;
using System.Collections.Generic;
using UnityEngine;

public class Area : MonoBehaviour {

    private Vector3 TopLeft_Pl_W;
    //申请 Vector3 类型的变量 记录面片左上角的世界坐标
    private Vector3 BottomLeft_Pl_W;
    //申请 Vector3 类型的变量 记录面片左下角的世界坐标
    private Vector3 TopRight_Pl_W;
    //申请 Vector3 类型的变量 记录面片右上角的世界坐标
    private Vector3 BottomRight_Pl_W;
    //申请 Vector3 类型的变量 记录面片右下角的世界坐标

    public GameObject Card_Track;
    //申请 GameObject 类型的变量 存储识别图
    private Vector3 Center_Card;
    //申请 Vector3 类型的变量 存储识别图的世界坐标
    private float Half_W;
    //申请 float 类型的变量 存储识别图宽的一半
    private float Half_H;
    //申请 float 类型的变量 存储识别图高的一半

    public GameObject Earth;
    //记录地球模型
    public GameObject Frame;
    //记录地球外框模型

    //记录面片的屏幕坐标
    private Vector2 TopLeft_Pl_Sc;
    //记录面片左上角的屏幕坐标
    private Vector2 BottomLeft_Pl_Sc;
    //记录面片坐下角的屏幕坐标
    private Vector2 TopRight_Pl_Sc;
```

```
        //记录面片右上角的屏幕坐标
        private Vector2 BottomRight_Pl_Sc;
        //记录面片右下角的屏幕坐标


        //记录扫描框的范围
        private Vector2 TopLeft_Scan;
        //记录扫描框左上角的坐标
        // "private" 申请类型为私有
        private Vector2 BottomLeft_Scan;
        //记录扫描框左下角的坐标
        private Vector2 TopRight_Scan;
        //记录扫描框右上角的坐标
        private Vector2 BottomRight_Scan;
        //记录扫描框右下角的坐标


        private float X_Sc;
        //申请浮点型类型的变量 存储实际的缩放比例



        // Use this for initialization
        void Start () {
            //获取坐标位置
            Center_Card = Card_Track.transform.position;
            //获取识别图的世界坐标
            Half_W = Card_Track.GetComponent<MeshFilter>().mesh.bounds.size.x * 10 *
0.5f;
            //获取识别图宽的一半 注意 10 是识别图缩放的系数
            Half_H = Card_Track.GetComponent<MeshFilter>().mesh.bounds.size.z * 10 *
0.5f;
            //获取识别图高的一半 注意 10 是识别图缩放的系数
            TopLeft_Pl_W = Center_Card + new Vector3(-Half_W, 0, Half_H);
            //计算识别图左上角的世界坐标
            BottomLeft_Pl_W = Center_Card + new Vector3(-Half_W, 0, -Half_H);
            //计算识别图左下角的世界坐标
            TopRight_Pl_W = Center_Card + new Vector3(Half_W, 0, Half_H);
            //计算识别图右上角的世界坐标
            BottomRight_Pl_W = Center_Card + new Vector3(Half_W, 0, -Half_H);
            //计算识别图右下角的世界坐标


            X_Sc = Screen.width / 1920f;
            //获取实际的缩放比例


            //计算了扫描框四个点的坐标位置，"*X_Sc"是屏幕自适度的缩放比例，这样才能获取真正运行
时 UI 图片的宽高
            TopLeft_Scan = new Vector2(Screen.width - 1300 * X_Sc, Screen.height + 800
* X_Sc) * 0.5f;
            //给扫描框左上角的坐标赋值
            //"Screen.width-400,Screen.height+300" 屏幕的宽度减去扫描框的宽度，屏幕的高度
```

减去扫描框的高度

```
            BottomLeft_Scan = new Vector2(Screen.width - 1300 * X_Sc, Screen.height
- 800 * X_Sc) * 0.5f;
            //给扫描框左下角的坐标赋值
            TopRight_Scan = new Vector2(Screen.width + 1300 * X_Sc, Screen.height +
800 * X_Sc) * 0.5f;
            //给扫描框右上角的坐标赋值
            BottomRight_Scan = new Vector2(Screen.width + 1300 * X_Sc, Screen.height
- 800 * X_Sc) * 0.5f;
            //给扫描框右下角的坐标赋值
        }


    // Update is called once per frame
    void Update () {
        //获取面片的屏幕坐标
        TopLeft_Pl_Sc = Camera.main.WorldToScreenPoint(TopLeft_Pl_W);
        //获取面片左上角的屏幕坐标
        //Camera.main.WorldToScreenPoint(Vector3()); 将世界坐标转化为屏幕坐标
        BottomLeft_Pl_Sc = Camera.main.WorldToScreenPoint(BottomLeft_Pl_W);
        //获取面片左下角的屏幕坐标
        TopRight_Pl_Sc = Camera.main.WorldToScreenPoint(TopRight_Pl_W);
        //获取面片右上角的屏幕坐标
        BottomRight_Pl_Sc = Camera.main.WorldToScreenPoint(BottomRight_Pl_W);
        //获取面片右下角的屏幕坐标



    }


    public void Get_Position() {



        //将截图时识别图四个角的世界坐标信息传递给地球模型的 Shader
        Earth.GetComponent<Renderer>().material.SetVector("_Uvpoint1", new
Vector4(TopLeft_Pl_W.x, TopLeft_Pl_W.y, TopLeft_Pl_W.z, 1f));
        //将左上角的世界坐标传递给 Shader，其中 1f 是为了凑齐四位浮点数，用来进行后续的矩阵
变换操作
        Earth.GetComponent<Renderer>().material.SetVector("_Uvpoint2", new
Vector4(BottomLeft_Pl_W.x, BottomLeft_Pl_W.y, BottomLeft_Pl_W.z, 1f));
        Earth.GetComponent<Renderer>().material.SetVector("_Uvpoint3", new
Vector4(TopRight_Pl_W.x, TopRight_Pl_W.y, TopRight_Pl_W.z, 1f));
        Earth.GetComponent<Renderer>().material.SetVector("_Uvpoint4", new
Vector4(BottomRight_Pl_W.x, BottomRight_Pl_W.y, BottomRight_Pl_W.z, 1f));

        //将截图时识别图四个角的世界坐标信息传递给地球仪配件模型的 Shader
        Frame.GetComponent<Renderer>().material.SetVector("_Uvpoint1", new
Vector4(TopLeft_Pl_W.x, TopLeft_Pl_W.y, TopLeft_Pl_W.z, 1f));
        //将左上角的世界坐标传递给 Shader，其中 1f 是为了凑齐四位浮点数，用来进行后续的矩阵
变换操作
```

```
        Frame.GetComponent<Renderer>().material.SetVector("_Uvpoint2", new
Vector4(BottomLeft_Pl_W.x, BottomLeft_Pl_W.y, BottomLeft_Pl_W.z, 1f));
        Frame.GetComponent<Renderer>().material.SetVector("_Uvpoint3", new
Vector4(TopRight_Pl_W.x, TopRight_Pl_W.y, TopRight_Pl_W.z, 1f));
        Frame.GetComponent<Renderer>().material.SetVector("_Uvpoint4", new
Vector4(BottomRight_Pl_W.x, BottomRight_Pl_W.y, BottomRight_Pl_W.z, 1f));

        //确定坐标间的矩阵关系  并将信息传递给对应模型的 shader
        Matrix4x4 P = GL.GetGPUProjectionMatrix(Camera.main.projectionMatrix, false);
        //获取截图时 GPU 的投影矩阵
        Matrix4x4 V = Camera.main.worldToCameraMatrix;
        //获取截图时世界坐标到相机的矩阵
        Matrix4x4 VP = P * V;
        //存储两个矩阵的乘积
        Earth.GetComponent<Renderer>().material.SetMatrix("_VP", VP);
        //将截图时的矩阵转换信息传递给 Shader
        Frame.GetComponent<Renderer>().material.SetMatrix("_VP", VP);
        //将截图时的矩阵转换信息传递给 Shader

    }

    public void ScreenShot() {
        Texture2D Te = new Texture2D(Screen.width, Screen.height,
TextureFormat.RGB24, false);
        //申请 Texture2D 类型的变量宽高为（Screen.width, Screen.height）
        //颜色模式为 TextureFormat.RGB24
        //不适用 mipmap

        Te.ReadPixels(new Rect(0, 0, Screen.width, Screen.height), 0, 0);
        //用 Texture2D 类型的变量 Te 来读取屏幕像素
        //读取的起始点为屏幕的（0,0）点，读取的宽高为屏幕的宽高
        //将读取到的屏幕图像从 Te 的（0,0）点开始填充

        Te.Apply();
        //执行对 Texture2D 的操作

        Earth.GetComponent<Renderer>().material.mainTexture = Te;
        //将地球模型材质的主贴图替换为屏幕截图
        Frame.GetComponent<Renderer>().material.mainTexture = Te;
        //将地球仪配件模型材质的主贴图替换为屏幕截图
    }

    public void Button_Color() {
        ScreenShot();
        //调用截屏函数
        Get_Position();
        //调用坐标获取函数
    }
}
```

6.9.5　确定识别图是否完全处于扫描框内

写代码，首先申请变量存储用来变色的面片和红色、绿色两张图片。

```
public GameObject Plane;
public Texture Te_Red;
public Texture Te_Green;
```

要判断的条件有两种情况：一是当满足识别图完全在扫描框范围内时，让识别图显示绿色。二是只要不是完全在扫描框范围内就让识别图显示红色。这种情况使用判断的语句——if else 语句，如果没有达成 if 中的条件则执行 else。

```
if () {
        Plane.GetComponent<Renderer>().material.mainTexture = Te_Green;
    } else {
        Plane.GetComponent<Renderer>().material.mainTexture = Te_Red;
    }
```

需要在 if 的条件中填入判断识别图是否完全在扫描框的条件。

确定识别图是否完全处于扫描框中，在编程中其实也是数学的比较。

在下图中，大方框代表扫描区域，小方框代表识别图。

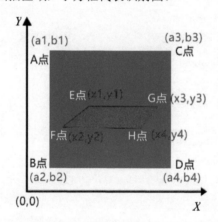

如果屏幕中识别图呈现的位置完全在扫描框范围内，那么此时必须满足四个对应条件：

1. E 点的 x 值大于 A 点的 x 值，且 E 点的 y 值小于 A 点的 y 值。

即：x1>a1 且 y1<b1

2. F 点的 x 值大于 B 点的 x 值，且 F 点的 y 值必须大于 B 点的 y 值。

即：x2>a2 且 y2>b2

3. G 点的 x 值小于 C 点的 x 值，且 G 点的 y 值小于 C 点的 y 值。

即：x3<a3 且 y3<b3

4. H 点的 x 值小于 D 点的 x 值，且 H 点的 y 值大于 D 点的 y 值。

即：x4<a4 且 y4>a4

如果不满足这些条件中的任意一个，则说明识别图并没有完全在扫描框区域内。

因此，if 的条件中应填入的内容为：

```
 TopLeft_Pl_Sc.x > TopLeft_Scan.x && TopLeft_Pl_Sc.y < TopLeft_Scan.y &&
BottomLeft_Pl_Sc.x > BottomLeft_Scan.x && BottomLeft_Pl_Sc.y > BottomLeft_Scan.y &&
```

```
TopRight_Pl_Sc.x < TopRight_Scan.x && TopRight_Pl_Sc.y < TopLeft_Scan.y &&
BottomRight_Pl_Sc.x < BottomRight_Scan.x && BottomRight_Pl_Sc.y > BottomRight_Scan.y
```

其中 "&&" 为并且的意思，必须同时满足符号两边的条件。

保存脚本，将新申请的变量都赋值正确。导出后安装，运行程序，效果如下图所示。

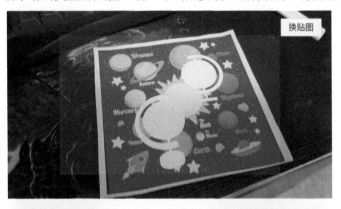

本节内容是教大家一种方法，但是仍不完善，比如当识别图旋转幅度过大时，即识别图的四角与扫描框的四角对应关系改变的时候就会出现问题。

如果希望在任何情况下都完全没有问题，就需要先判断识别图在屏幕坐标中的旋转情况，将四种对应角的情况都进行判断，再根据不同的对应情况判断角坐标的位置关系。

完整代码如下：

```
using System.Collections;
using System.Collections.Generic;
using UnityEngine;

public class Area : MonoBehaviour {

    private Vector3 TopLeft_Pl_W;
    //申请Vector3类型的变量 记录面片左上角的世界坐标
    private Vector3 BottomLeft_Pl_W;
    //申请Vector3类型的变量 记录面片左下角的世界坐标
    private Vector3 TopRight_Pl_W;
    //申请Vector3类型的变量 记录面片右上角的世界坐标
    private Vector3 BottomRight_Pl_W;
    //申请Vector3类型的变量 记录面片右下角的世界坐标
```

```
public GameObject Card_Track;
//申请 GameObject 类型的变量 存储识别图
private Vector3 Center_Card;
//申请 Vector3 类型的变量 存储识别图的世界坐标
private float Half_W;
//申请 float 类型的变量 存储识别图宽的一半
private float Half_H;
//申请 float 类型的变量 存储识别图高的一半

public GameObject Earth;
//记录地球模型
public GameObject Frame;
//记录地球外框模型

//记录面片的屏幕坐标
private Vector2 TopLeft_Pl_Sc;
//记录面片左上角的屏幕坐标
private Vector2 BottomLeft_Pl_Sc;
//记录面片坐下角的屏幕坐标
private Vector2 TopRight_Pl_Sc;
//记录面片右上角的屏幕坐标
private Vector2 BottomRight_Pl_Sc;
//记录面片右下角的屏幕坐标

//记录扫描框的范围
private Vector2 TopLeft_Scan;
//记录扫描框左上角的坐标
// "private" 申请类型为私有
private Vector2 BottomLeft_Scan;
//记录扫描框左下角的坐标
private Vector2 TopRight_Scan;
//记录扫描框右上角的坐标
private Vector2 BottomRight_Scan;
//记录扫描框右下角的坐标

private float X_Sc;
//申请浮点型类型的变量 存储实际的缩放比例

public GameObject Plane;
//存储给识别图变色的面片
public Texture Te_Red;
//存储红色图片
public Texture Te_Green;
//存储绿色图片

// Use this for initialization
void Start () {
    //获取坐标位置
    Center_Card = Card_Track.transform.position;
    //获取识别图的世界坐标
    Half_W = Card_Track.GetComponent<MeshFilter>().mesh.bounds.size.x * 10 *
0.5f;
    //获取识别图宽的一半 注意10是识别图缩放的系数
    Half_H = Card_Track.GetComponent<MeshFilter>().mesh.bounds.size.z * 10 *
0.5f;
    //获取识别图高的一半 注意10是识别图缩放的系数
    TopLeft_Pl_W = Center_Card + new Vector3(-Half_W, 0, Half_H);
    //计算识别图左上角的世界坐标
    BottomLeft_Pl_W = Center_Card + new Vector3(-Half_W, 0, -Half_H);
```

```
        //计算识别图左下角的世界坐标
        TopRight_Pl_W = Center_Card + new Vector3(Half_W, 0, Half_H);
        //计算识别图右上角的世界坐标
        BottomRight_Pl_W = Center_Card + new Vector3(Half_W, 0, -Half_H);
        //计算识别图右下角的世界坐标


        X_Sc = Screen.width / 1920f;
        //获取实际的缩放比例


        //计算了扫描框四个点的坐标位置，"*X_Sc"是屏幕自适度的缩放比例，这样才能获取真正运行
时 UI 图片的宽高
        TopLeft_Scan = new Vector2(Screen.width - 1300 * X_Sc, Screen.height + 800
* X_Sc) * 0.5f;
        //给扫描框左上角的坐标赋值
        //"Screen.width-400,Screen.height+300" 屏幕的宽度减去扫描框的宽度，屏幕的高度
减去扫描框的高度
        BottomLeft_Scan = new Vector2(Screen.width - 1300 * X_Sc, Screen.height
- 800 * X_Sc) * 0.5f;
        //给扫描框左下角的坐标赋值
        TopRight_Scan = new Vector2(Screen.width + 1300 * X_Sc, Screen.height +
800 * X_Sc) * 0.5f;
        //给扫描框右上角的坐标赋值
        BottomRight_Scan = new Vector2(Screen.width + 1300 * X_Sc, Screen.height
- 800 * X_Sc) * 0.5f;
        //给扫描框右下角的坐标赋值
    }

    // Update is called once per frame
    void Update () {
        //获取面片的屏幕坐标
        TopLeft_Pl_Sc = Camera.main.WorldToScreenPoint(TopLeft_Pl_W);
        //获取面片左上角的屏幕坐标
        //Camera.main.WorldToScreenPoint(Vector3()); 将世界坐标转化为屏幕坐标
        BottomLeft_Pl_Sc = Camera.main.WorldToScreenPoint(BottomLeft_Pl_W);
        //获取面片左下角的屏幕坐标
        TopRight_Pl_Sc = Camera.main.WorldToScreenPoint(TopRight_Pl_W);
        //获取面片右上角的屏幕坐标
        BottomRight_Pl_Sc = Camera.main.WorldToScreenPoint(BottomRight_Pl_W);
        //获取面片右下角的屏幕坐标

        //判断面片是否在扫描框范围内
        if (TopLeft_Pl_Sc.x > TopLeft_Scan.x && TopLeft_Pl_Sc.y < TopLeft_Scan.y
&& BottomLeft_Pl_Sc.x > BottomLeft_Scan.x && BottomLeft_Pl_Sc.y > BottomLeft_Scan.y
&& TopRight_Pl_Sc.x < TopRight_Scan.x && TopRight_Pl_Sc.y < TopLeft_Scan.y &&
BottomRight_Pl_Sc.x < BottomRight_Scan.x && BottomRight_Pl_Sc.y > BottomRight_Scan.y)
{
            //当面片完全处于扫描框范围内时 执行以下代码
            Plane.GetComponent<Renderer>().material.mainTexture = Te_Green;
        } else {
            //当面片并非完全处于扫描框范围内时　执行以下代码
            Plane.GetComponent<Renderer>().material.mainTexture = Te_Red;
        }

    }

    public void Get_Position() {
```

```
            //将截图时识别图四个角的世界坐标信息传递给地球模型的 Shader
            Earth.GetComponent<Renderer>().material.SetVector("_Uvpoint1", new
Vector4(TopLeft_Pl_W.x, TopLeft_Pl_W.y, TopLeft_Pl_W.z, 1f));
            //将左上角的世界坐标传递给 Shader，其中 1f 是为了凑齐四位浮点数，用来进行后续的矩阵
变换操作
            Earth.GetComponent<Renderer>().material.SetVector("_Uvpoint2", new
Vector4(BottomLeft_Pl_W.x, BottomLeft_Pl_W.y, BottomLeft_Pl_W.z, 1f));
            Earth.GetComponent<Renderer>().material.SetVector("_Uvpoint3", new
Vector4(TopRight_Pl_W.x, TopRight_Pl_W.y, TopRight_Pl_W.z, 1f));
            Earth.GetComponent<Renderer>().material.SetVector("_Uvpoint4", new
Vector4(BottomRight_Pl_W.x, BottomRight_Pl_W.y, BottomRight_Pl_W.z, 1f));

            //将截图时识别图四个角的世界坐标信息传递给地球仪配件模型的 Shader
            Frame.GetComponent<Renderer>().material.SetVector("_Uvpoint1", new
Vector4(TopLeft_Pl_W.x, TopLeft_Pl_W.y, TopLeft_Pl_W.z, 1f));
            //将左上角的世界坐标传递给 Shader，其中 1f 是为了凑齐四位浮点数，用来进行后续的矩阵
变换操作
            Frame.GetComponent<Renderer>().material.SetVector("_Uvpoint2", new
Vector4(BottomLeft_Pl_W.x, BottomLeft_Pl_W.y, BottomLeft_Pl_W.z, 1f));
            Frame.GetComponent<Renderer>().material.SetVector("_Uvpoint3", new
Vector4(TopRight_Pl_W.x, TopRight_Pl_W.y, TopRight_Pl_W.z, 1f));
            Frame.GetComponent<Renderer>().material.SetVector("_Uvpoint4", new
Vector4(BottomRight_Pl_W.x, BottomRight_Pl_W.y, BottomRight_Pl_W.z, 1f));

            //确定坐标间的矩阵关系 并将信息传递给对应模型的 shader
            Matrix4x4 P = GL.GetGPUProjectionMatrix(Camera.main.projectionMatrix,
false);
            //获取截图时 GPU 的投影矩阵
            Matrix4x4 V = Camera.main.worldToCameraMatrix;
            //获取截图时世界坐标到相机的矩阵
            Matrix4x4 VP = P * V;
            //储存两个矩阵的乘积
            Earth.GetComponent<Renderer>().material.SetMatrix("_VP", VP);
            //将截图时的矩阵转换信息传递给 Shader
            Frame.GetComponent<Renderer>().material.SetMatrix("_VP", VP);
            //将截图时的矩阵转换信息传递给 Shader

    }

    public void ScreenShot() {
            Texture2D Te = new Texture2D(Screen.width, Screen.height,
TextureFormat.RGB24, false);
            //申请 Texture2D 类型的变量宽高为（Screen.width, Screen.height）
            //颜色模式为 TextureFormat.RGB24
            //不适用 mipmap

            Te.ReadPixels(new Rect(0, 0, Screen.width, Screen.height), 0, 0);
            //用 Texture2D 类型的变量 Te 来读取屏幕像素
            //读取的起始点为屏幕的（0,0）点，读取的宽高为屏幕的宽高
            //将读取到的屏幕图像从 Te 的（0,0）点开始填充

            Te.Apply();
            //执行对 Texture2D 的操作

            Earth.GetComponent<Renderer>().material.mainTexture = Te;
            //将地球模型材质的主贴图替换为屏幕截图
            Frame.GetComponent<Renderer>().material.mainTexture = Te;
            //将地球仪配件模型材质的主贴图替换为屏幕截图
    }
```

```
    public void Button_Color() {
        ScreenShot();
        //调用截屏函数
        Get_Position();
        //调用坐标获取函数
    }
}
```

6.9.6　使用扫描框自动贴图

当识别图完全进入到扫描框后，使用 UI 提示识别成功，如果在扫描框内保持两秒，则取消扫描框与提示成功的 UI 进行截图。

把按钮删除，创建一个 Image，命名为 Suc。将提示成功的图片拖动到 Pics 文件夹中，转换为精灵格式（Sprite）并且赋值给 Suc，调整大小如下图所示。

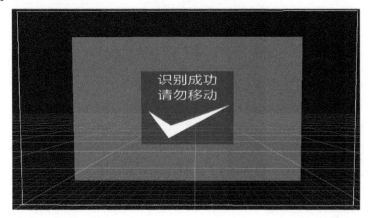

先把 Suc 的激活状态取消，因为只有当识别图完全进入扫描框后才显示它。

在脚本中申请变量存储这个提示成功识别的 UI。

```
public GameObject Suc;
```

当识别图完全进入扫描框时让这个 UI 显示出来，否则隐藏这个 UI。

Suc.SetActive(true);写在识别图变绿的代码下方。

Suc.SetActive(false);写在识别图变红的代码下方。

在提示图出现以后延迟两秒进行截图。这里有两点要注意：

1. 截图前要取消掉屏幕中这个提示图的影响，否则提示图会出现在贴图中。

2. 截图前要取消掉识别图提示颜色的影响，不然也会出现在贴图中。

消除影响。提示图出现两秒后将提示图取消，将识别图上的提示颜色改为透明。

申请变量存储透明图片。

```
public Texture Te_Tran;
```

新建一个延迟函数：

```
IEnumerator Cancol_Occ() {
    yield return new WaitForSeconds(2.0f);
    Suc.SetActive(false);
```

```
Plane.GetComponent<Renderer>().material.mainTexture = Te_Tran;
    }
```

在识别图变绿的代码下方引用这个延迟函数。即表示识别图完全进入扫描框后过两秒消除画面影响。

```
StartCoroutine(Cancol_Occ());
```

注意，取消画面影响后，不能直接调用截图函数，此时如果直接引用 ScreenShot()。则截出的贴图中依旧会有画面影响。因为虽然此时程序中取消了提示图，也更换了识别图的提示颜色，但是画面并没有刷新。

此时需要让截图函数也变为延迟函数，延迟一帧后画面刷新再进行截图。

将之前的截图函数中这一部分：

```
public void ScreenShot() {
```

改为延迟函数。

```
IEnumerator ScreenShot() {
    yield return null;
```

在 Cancol_Occ()函数中调用延迟截图函数与坐标获取函数：

```
StartCoroutine(ScreenShot());
Get_Position();
```

特别注意，代码中对识别图与扫描框的判断是在 Update 函数中进行的，如果不加限制会无限地调用 Cancol_Occ()函数造成程序错乱。

因此需要用布尔变量加一个状态开关，判断是否处于识别成功状态，如果识别成功则在执行完 Cancol_Occ()后无法再次执行。

申请变量，开始时是未识别状态，因此给变量初始值为 false。

```
public bool B_Re=false;
```

将识别成功这一段代码放在以 B_Re==false 为条件的 if 语句中，并在最后将状态改为已识别 B_Re=true。

当识别图在等待截图的时候如果再次移出扫描框，则将状态改回未识别 B_Re=true。并且要打断截图函数，所以在截图函数中也需要增加一个 if 语句，只有当处于识别状态时才能让截图功能生效。

在截图成功后让 Update 函数中现有全部的代码停止。这里需要一个新的布尔变量来记录截图状态，判断是否已经截图，开始时未截图，因此初始值为 false。

```
public bool B_Shot = false;
```

将当前所有 Update 函数放在以 B_Shot == false 的 if 语句中。

并在截图成功后将截图状态改为已截图 B_Shot = true;。

删除按钮函数代码，保存脚本，将对应的变量正确赋值后导出 App 进行测试。

检测到识别图但是未完全进入扫描框时：

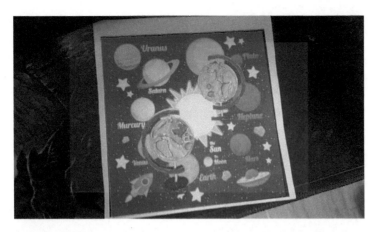

进入扫描框时：

截图后：

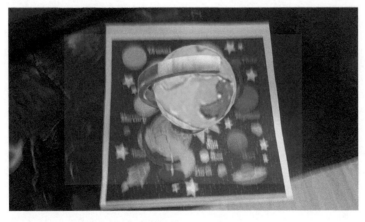

到此，涂色类 AR 的主体功能就全部讲完了，完整代码如下。

```csharp
using System.Collections;
using System.Collections.Generic;
using UnityEngine;

public class Area : MonoBehaviour {
```

```
private Vector3 TopLeft_Pl_W;
//申请Vector3类型的变量 记录面片左上角的世界坐标
private Vector3 BottomLeft_Pl_W;
//申请Vector3类型的变量 记录面片左下角的世界坐标
private Vector3 TopRight_Pl_W;
//申请Vector3类型的变量 记录面片右上角的世界坐标
private Vector3 BottomRight_Pl_W;
//申请Vector3类型的变量 记录面片右下角的世界坐标

public GameObject Card_Track;
//申请GameObject类型的变量 存储识别图
private Vector3 Center_Card;
//申请Vector3类型的变量 存储识别图的世界坐标
private float Half_W;
//申请float类型的变量 存储识别图宽的一半
private float Half_H;
//申请float类型的变量 存储识别图高的一半

public GameObject Earth;
//记录地球模型
public GameObject Frame;
//记录地球外框模型

//记录面片的屏幕坐标
private Vector2 TopLeft_Pl_Sc;
//记录面片左上角的屏幕坐标
private Vector2 BottomLeft_Pl_Sc;
//记录面片坐下角的屏幕坐标
private Vector2 TopRight_Pl_Sc;
//记录面片右上角的屏幕坐标
private Vector2 BottomRight_Pl_Sc;
//记录面片右下角的屏幕坐标

//记录扫描框的范围
private Vector2 TopLeft_Scan;
//记录扫描框左上角的坐标
// "private" 申请类型为私有
private Vector2 BottomLeft_Scan;
//记录扫描框左下角的坐标
private Vector2 TopRight_Scan;
//记录扫描框右上角的坐标
private Vector2 BottomRight_Scan;
//记录扫描框右下角的坐标

private float X_Sc;
//申请浮点型类型的变量存储实际的缩放比例

public GameObject Plane;
//存储给识别图变色的面片
public Texture Te_Red;
//存储红色图片
public Texture Te_Green;
//存储绿色图片

public GameObject Suc;
//保存提示 "识别成功" 的UI

public Texture Te_Tran;
//存储透明图片
```

```
public bool B_Re=false;
//布尔开关，判断是否处于已识别状态

public bool B_Shot = false;
//布尔开关，判断是否已经截图

// Use this for initialization
void Start () {
    //获取坐标位置
    Center_Card = Card_Track.transform.position;
    //获取识别图的世界坐标
    Half_W = Card_Track.GetComponent<MeshFilter>().mesh.bounds.size.x * 10 *
0.5f;

    //获取识别图宽的一半 注意10是识别图缩放的系数
    Half_H = Card_Track.GetComponent<MeshFilter>().mesh.bounds.size.z * 10 *
0.5f;

    //获取识别图高的一半 注意10是识别图缩放的系数
    TopLeft_Pl_W = Center_Card + new Vector3(-Half_W, 0, Half_H);
    //计算识别图左上角的世界坐标
    BottomLeft_Pl_W = Center_Card + new Vector3(-Half_W, 0, -Half_H);
    //计算识别图左下角的世界坐标
    TopRight_Pl_W = Center_Card + new Vector3(Half_W, 0, Half_H);
    //计算识别图右上角的世界坐标
    BottomRight_Pl_W = Center_Card + new Vector3(Half_W, 0, -Half_H);
    //计算识别图右下角的世界坐标


    X_Sc = Screen.width / 1920f;
    //获取实际的缩放比例


    //计算了扫描框四个点的坐标位置，"*X_Sc"是屏幕自适度的缩放比例，这样才能获取真正运行
时 UI 图片的宽高
    TopLeft_Scan = new Vector2(Screen.width - 1300 * X_Sc, Screen.height + 800
* X_Sc) * 0.5f;
    //给扫描框左上角的坐标赋值
    //"Screen.width-400,Screen.height+300" 屏幕的宽度减去扫描框的宽度，屏幕的高度
减去扫描框的高度
    BottomLeft_Scan = new Vector2(Screen.width - 1300 * X_Sc, Screen.height
- 800 * X_Sc) * 0.5f;
    //给扫描框左下角的坐标赋值
    TopRight_Scan = new Vector2(Screen.width + 1300 * X_Sc, Screen.height +
800 * X_Sc) * 0.5f;
    //给扫描框右上角的坐标赋值
    BottomRight_Scan = new Vector2(Screen.width + 1300 * X_Sc, Screen.height
- 800 * X_Sc) * 0.5f;
    //给扫描框右下角的坐标赋值
}

// Update is called once per frame
void Update () {
    if (B_Shot == false) {
        //获取面片的屏幕坐标
        TopLeft_Pl_Sc = Camera.main.WorldToScreenPoint(TopLeft_Pl_W);
        //获取面片左上角的屏幕坐标
        //Camera.main.WorldToScreenPoint(Vector3()); 将世界坐标转化为屏幕坐标
        BottomLeft_Pl_Sc = Camera.main.WorldToScreenPoint(BottomLeft_Pl_W);
        //获取面片左下角的屏幕坐标
```

```
                TopRight_Pl_Sc = Camera.main.WorldToScreenPoint(TopRight_Pl_W);
                //获取面片右上角的屏幕坐标
                BottomRight_Pl_Sc =
Camera.main.WorldToScreenPoint(BottomRight_Pl_W);
                //获取面片右下角的屏幕坐标

                //判断面片是否在扫描框范围内
                if (TopLeft_Pl_Sc.x > TopLeft_Scan.x && TopLeft_Pl_Sc.y <
TopLeft_Scan.y && BottomLeft_Pl_Sc.x > BottomLeft_Scan.x && BottomLeft_Pl_Sc.y >
BottomLeft_Scan.y && TopRight_Pl_Sc.x < TopRight_Scan.x && TopRight_Pl_Sc.y <
TopLeft_Scan.y && BottomRight_Pl_Sc.x < BottomRight_Scan.x && BottomRight_Pl_Sc.y >
BottomRight_Scan.y)
                {
                    if (B_Re == false)
                    {
                        //当面片完全处于扫描框范围内时 执行以下代码
                        Plane.GetComponent<Renderer>().material.mainTexture =
Te_Green;
                        //将识别图上方的面片显示为绿色
                        StartCoroutine(Cancol_Occ());
                        //调用取消画面影响的延迟函数
                        Suc.SetActive(true);
                        //激活提示成功的 UI
                        B_Re = true;
                        //状态改为已识别
                    }
                }
                else
                {
                    //当面片并非完全处于扫描框范围内时　执行以下代码
                    Plane.GetComponent<Renderer>().material.mainTexture = Te_Red;
                    //将识别图上方的面片显示为透明
                    Suc.SetActive(false);
                    //取消提示成功的 UI
                    B_Re = false;
                    //识别状态改为未识别
                }

            }

        }

    public void Get_Position() {



    //将截图时识别图四个角的世界坐标信息传递给地球模型的 Shader
        Earth.GetComponent<Renderer>().material.SetVector("_Uvpoint1", new
Vector4(TopLeft_Pl_W.x, TopLeft_Pl_W.y, TopLeft_Pl_W.z, 1f));
        //将左上角的世界坐标传递给 Shader，其中 1f 是为了凑齐四位浮点数，用来进行后续的矩阵
变换操作
        Earth.GetComponent<Renderer>().material.SetVector("_Uvpoint2", new
Vector4(BottomLeft_Pl_W.x, BottomLeft_Pl_W.y, BottomLeft_Pl_W.z, 1f));
        Earth.GetComponent<Renderer>().material.SetVector("_Uvpoint3", new
Vector4(TopRight_Pl_W.x, TopRight_Pl_W.y, TopRight_Pl_W.z, 1f));
        Earth.GetComponent<Renderer>().material.SetVector("_Uvpoint4", new
Vector4(BottomRight_Pl_W.x, BottomRight_Pl_W.y, BottomRight_Pl_W.z, 1f));

    //将截图时识别图四个角的世界坐标信息传递给地球仪配件模型的 Shader
```

```
            Frame.GetComponent<Renderer>().material.SetVector("_Uvpoint1", new
Vector4(TopLeft_Pl_W.x, TopLeft_Pl_W.y, TopLeft_Pl_W.z, 1f));
            //将左上角的世界坐标传递给 Shader ，其中 1f 是为了凑齐四位浮点数，用来进行后续的矩阵
变换操作
            Frame.GetComponent<Renderer>().material.SetVector("_Uvpoint2", new
Vector4(BottomLeft_Pl_W.x, BottomLeft_Pl_W.y, BottomLeft_Pl_W.z, 1f));
            Frame.GetComponent<Renderer>().material.SetVector("_Uvpoint3", new
Vector4(TopRight_Pl_W.x, TopRight_Pl_W.y, TopRight_Pl_W.z, 1f));
            Frame.GetComponent<Renderer>().material.SetVector("_Uvpoint4", new
Vector4(BottomRight_Pl_W.x, BottomRight_Pl_W.y, BottomRight_Pl_W.z, 1f));

            //确定坐标间的矩阵关系 并将信息传递给对应模型的 shader
            Matrix4x4 P = GL.GetGPUProjectionMatrix(Camera.main.projectionMatrix,
false);
            //获取截图时 GPU 的投影矩阵
            Matrix4x4 V = Camera.main.worldToCameraMatrix;
            //获取截图时世界坐标到相机的矩阵
            Matrix4x4 VP = P * V;
            //存储两个矩阵的乘积
            Earth.GetComponent<Renderer>().material.SetMatrix("_VP", VP);
            //将截图时的矩阵转换信息传递给 Shader
            Frame.GetComponent<Renderer>().material.SetMatrix("_VP", VP);
            //将截图时的矩阵转换信息传递给 Shader

        }
    IEnumerator Cancol_Occ() {
        yield return new WaitForSeconds(2.0f);
        //延迟两秒执行下方的内容
        Suc.SetActive(false);
        //取消提示图
        Plane.GetComponent<Renderer>().material.mainTexture = Te_Tran;
        //将识别图上方的面片显示为透明
        StartCoroutine(ScreenShot());
        //调用延迟截图函数
        Get_Position();
        //调用坐标获取函数
    }


    IEnumerator ScreenShot(){
        yield return null;
        //延迟为 null 表示延迟一帧

        if (B_Re == true) {
            Texture2D Te = new Texture2D(Screen.width, Screen.height,
TextureFormat.RGB24, false);
            //申请 Texture2D 类型的变量宽高为（Screen.width, Screen.height）
            //颜色模式为 TextureFormat.RGB24
            //不适用 mipmap

            Te.ReadPixels(new Rect(0, 0, Screen.width, Screen.height), 0, 0);
            //用 Texture2D 类型的变量 Te 来读取屏幕像素
            //读取的起始点为屏幕的（0,0）点，读取的宽高为屏幕的宽高
            //将读取到的屏幕图像从 Te 的（0,0）点开始填充

            Te.Apply();
            //执行对 Texture2D 的操作

            Earth.GetComponent<Renderer>().material.mainTexture = Te;
```

```
                //将地球模型材质的主贴图替换为屏幕截图
                Frame.GetComponent<Renderer>().material.mainTexture = Te;
                //将地球仪配件模型材质的主贴图替换为屏幕截图
                B_Shot = true;
                //截图状态改为已截图
                Plane.GetComponent<Renderer>().material.mainTexture = Te_Tran;
                //将识别图上方的面片显示为透明

            }
        }
    }
```

6.9.7　长方形识别图制作思路

　　市面上出现的产品大部分都是以长方形的识别图出现的。因为长方形的绘本更符合一般绘本的形式。

　　之前说过，UV 区域本身是一个正方形，变成长方形之后该如何处理识别图与 UV 匹配，还有定位之间的关系呢？

　　先说一下两种可能大家经常会想到的，但是并不推荐的方式。

　　1. 直接使用长方形识别图进行 UV 匹配。

　　这种方式导入的长方形识别图在 UV 单位格中会被横向压缩。

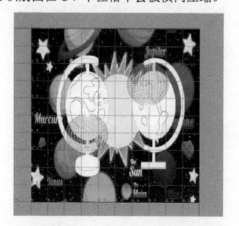

虽然理论上来讲，压缩后的贴图只要 UV 匹配正确，贴图在模型上的显示也会正确。

但是在涂色 AR 这个案例中，贴图并非是直接贴在模型上的，而是把截图当作贴图在 Shader 中进行了矩阵转换，这种压缩的图片在转换时矩阵对应关系会出现问题。

2. 印刷的时候在识别图两边补一部分内容。

这种办法其实识别图本身依旧没有变，还是一个正方形，所有的制作步骤与正方形识别图相同，只是最后印刷绘本的时候在绘本图案上补充了一部分内容。

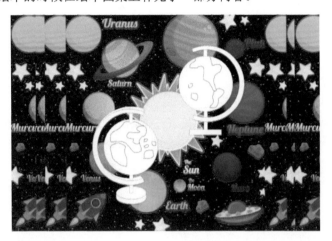

这种办法明显的不足之处在于可以绘画的区域始终限制在了正方形中，从视觉上很压抑，是一种自欺欺人的做法。

笔者认为最稳妥的办法是通过制作新的识别图来解决，印刷使用的图片是正常的长方形图片，绘画区域可以在长方形的任何位置。而匹配 UV 以及在程序中的识别图则增加了两部分不影响识别的白色区域。

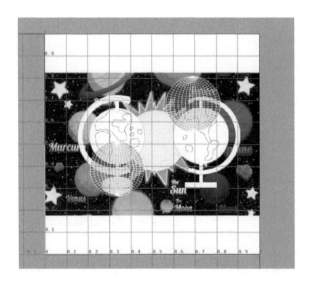

这样既不会影响矩阵的计算也不会影响绘图区域。只是要注意在程序中识别图上那个红绿面片的大小要匹配中间长方形的大小，而不是匹配整个正方形的大小。

6.9.8　涂色类AR案例小结

书中案例讲的是与涂色 AR 相关的核心知识，一款成熟的产品是由团队配合制作的，需要十分专业的平面美工、3D 美工、各种程序员的分工协作。希望通过本案例能够加深读者对于涂色 AR 中工种搭配协作的认识。

在制作过程中 UV 匹配是很需要细心和耐心的一个阶段，涂色后模型上的颜色是否自然，边界是否清晰，拉伸是否严重都很大程度上在 UV 匹配的阶段决定。

如果涂色后的模型识别率变低，需要考虑在制作识别图的时候，涂色区域所留的位置是否恰当。如果有必要的话，识别图中给涂色位置留的剪影区域可以适当扩大，以避免涂色对识别信息的影响，而印刷内容则照常不变。

涂色类 AR 案例是本书的第一个案例，操作部分的描述尽量详细，甚至有些冗长，目的是为了让不同基础的读者都可以入门，掌握整个流程。本案例中讲过的基础知识在后续案例中会一笔带过，以免造成图书的篇幅浪费和读者的视觉疲劳，有需要的读者可以在遇到相关问题时返回查阅。

第7章 多卡互动项目案例

7.1 多卡互动设计思路

本章要实现的内容是制作三张卡片，分别为字母 B，U，S。当这三张卡片以正确的方式排列成单词"BUS"时会出现一辆公共汽车，点击公共汽车会出现对应的英文单词和中文发音。

先确定程序的功能流程再细化到技术的实现方式。

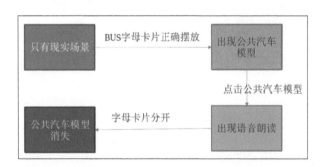

技术上主要是靠 EasyAR 多卡识别功能以及碰撞器来实现的。在每张图片上放置碰撞器，卡片出现在摄像头中时，激活卡片对应的碰撞器，当碰撞器发生接触则条件达成，显示出字母"U"卡片上的公用汽车模型。

7.2 制作字母识别图

打开 Photoshop，新建一个项目，预设选择"国际标准纸张 A4"，方便估计文字大小也便于打印，颜色模式选择 RGB，背景为白色。

在左侧工具栏中找到文字工具，在画布中单击一下，出现光标后输入"BUS"。

普通的字体识别信息太少，需要更改字体增加画面结构，提高图片的识别率。

双击文字图层前方的"T"图标选中所有文字，在上方菜单中选择字体"Algerian"，这种字体结构较多，容易识别。

选中图层，将字母放大，调整位置，保存一次作为打印实体卡片使用。

这三个字母在程序中要作为独立的识别图，需要将它们分开单独保存。

在菜单栏"图像"→"画布大小"中将画布改为正方形，便于程序汇总使用。单独显示字母，背景设置为白色，保存为 png 格式，根据对应字母分别将图片文件名命名为"B"，"U"，"S"。这三张图片用作程序中使用。

7.3 多卡识别功能制作

普通的案例上无法同时显示多张识别卡。

找到 EasyAR 官方案例中"HelloARMultiTarget-MultiTracker"文件夹，这是多卡识别工程文件，将这个文件夹复制，并命名为"DuoKa"。

用 Unity 打开工程文件，在"Project"面板中找到"HelloARMultiTarget-MultiTracker"→"Scenes"→"HelloARMultiTarget-MultiTracker"场景。

双击打开，在 AR 摄像机中填写秘钥，运行。

两张识别卡上的物体可以同时显示出来。

这个案例是怎样识别多张识别卡的。显示 AR 摄像机的子物体，可以看到有三个追踪器。在场景中的两张识别图的属性中，分别载入了不同的追踪器。这使得它们可以被同时识别显示。

将这个场景复制一份，命名为"DuoKa"，用来作为这个案例的场景。在"Project"面板中新建"Scenes"文件夹，把"DuoKa"场景拖进去方便以后管理。

新建"Pics"文件夹，把三张字母图片拖动进来，再将三张字母图片拖动到"StreamingAssets"文件夹中。

新建"Materials"文件夹，在文件夹中新建三个材质，把 Shader 指定为"Mobile"-"Diffuse"，分别命名为"Mat_U"，"Mat_B"，"Mat_S"，并将对应的图片附给它们。

把场景中识别图的子物体全部删除，复制其中一个识别图，然后将三张识别图分别命名为"Image_B"、"Image_U"、"Image_S"。

把它们属性中的追踪器"Loader"分别附为"ImageTracker-1"、"ImageTracker-2"、"ImageTracker-3"。

将属性中识别信息内容改为对应的图片。U 识别图中"Path"改为"U.png"，"Name"改为"U"。B 识别图中"Path"改为"B.png"，"Name"改为"B"。S 识别图中"Path"改为"S.png"，"Name"改为"S"。

将材质球拖动到对应的识别图，并且把识别图的尺寸"Size"都改为 10×10。

新建三个基本几何体，来测试多卡功能是否识别。分别新建正方体"Cube"，球体"Sphere"，柱体"Cylinder"作为识别图 B、U、S 的子物体，此时面板如下图所示。

调整几何体的大小与位置，让它们处于对应识别图的上方。

运行测试：

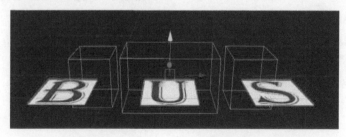

7.4 使用碰撞器判断卡片顺序

碰撞器是检测游戏对象之间是否发生碰撞或者接触的一个组件。

检测字母卡片的排列，其实就是检测字母卡片上碰撞器的位置是否正确。

未发生碰撞或者碰撞不正确时，无反应。

发生正确碰撞时，出现公共汽车模型。

以字母卡片 U 为基准，在其上挂载脚本，判断字母 B 右方的碰撞器和字母 S 左方的碰撞器是否同时处于 U 的碰撞器中，如果是的话，则显示出模型。

碰撞器不能凭空出现，新建空物体来挂载碰撞器组件，在每个识别图上单击鼠标右键并选择"Create Empty"，新建空物体，改名为对应的"Collider_B"、"Collider_U"、"Collider_S"。

给它们添加碰撞器组件，使用盒子碰撞器"Box Collider"，通过更改碰撞器的位置"Center"与尺寸"Size"调整碰撞器，如下图所示。

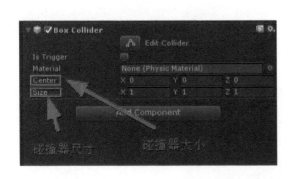

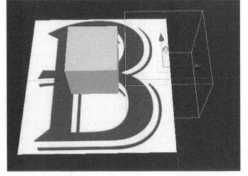

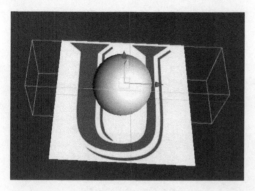
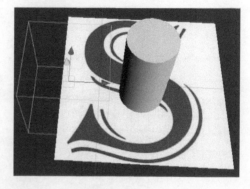

勾选碰撞器属性中的"isTrigger"，勾选后碰撞器才可以相互进入。

给这些碰撞器增加刚体组件"Rigidbody"，刚体组件是检测这种碰撞器相互进入的必要元素，因为不需要刚体物理效果带来的旋转及位移效果，因此将刚体中所有的 Freeze 属性勾选。

7.5　编写代码

在"Project"面板新建文件夹"Scripts"用来存储管理脚本，新建文件夹"Fbxes"用来存储和管理 FBX 模型，新建文件夹"Textrues"用来存储和管理贴图。

将随书提供的公共汽车模型"Bus_01"拖动到"Fbxes"文件夹中。

把随书提供的模型贴图"Bus"拖动到"Texture"文件夹中。

在"Materials"文件夹中新建材质，命名为"Mat_Bus"，Shader 指定为"Mobile"→"Diffuse"，把贴图"Bus"附上来。

将模型拖动到场景，让它作为识别卡"U"的子物体，调整大小和位置，把材质"Mat_Bus"附给模型的网格。

在其中新建一个 C#脚本，命名为"Col_Bus"，打开脚本，申请两个变量。这两个变量分别是用来判断字母卡片 U 是否与字母卡片 B 以及字母卡片 S 接触。

```
public bool Bl_B = false;
public bool Bl_S = false;
```

申请变量存储公共汽车模型。

```
public GameObject Obj_Bus;
```

写一个进入碰撞器函数。

```
void OnTriggerEnter(Collider col){}
```

这是一个固定的函数，当其他碰撞器进入脚本所依附的碰撞器时，就会执行函数。

如何判断碰撞到了哪一张卡片的碰撞器，当然，可以通过向上查找，找到识别卡的名称。但是这种方法太耗资源了，最好使用标签来进行判断。

给碰撞器添加相应的标签，以碰撞器 B 为例，选中"Collider_B"在检视面板中找到标签"Tag"并点开下拉框，此时需要先添加标签定义，才能做相应的选择。单击"Add Tag"增加标签。添加三个标签"B"，"U"，"S"。

 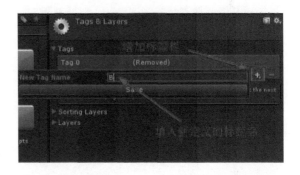

此时再次下拉碰撞器 B 的标签，就可以看到标签"B"，"U"，"C"。给碰撞器指定相应的标签。

在函数"OnTriggerEnter"中进行判断，如果进入的碰撞器标签为"B"，则把判断 B、U 卡片是否接触的布尔变量赋值为真。

```
if (col.gameObject.tag.CompareTo("B") == 0) {Bl_B = true;}
```

同理，如果进入的碰撞器标签为"S"，则把判断 U、S 卡片是否接触的布尔变量赋值为真。

```
if (col.gameObject.tag.CompareTo("U") == 0) {Bl_U = true;}
```

当这两个条件同时满足时，把公共汽车模型显示出来。让游戏对象激活使用代码 SetActive(布尔值)。

```
if (Bl_B==true&&Bl_S==true) {Obj_Bus.SetActive(true);}
```

既然字母卡片组合后模型会显示，那么字母卡片分开后，也要让模型消失。
写一个碰撞器离开函数。

```
void OnTriggerExit(Collider col){}
```

在这个函数中判断如果离开的碰撞器标签为"B"，则把判断 B、U 卡片是否接触的布尔变量赋值为假。

```
if (col.gameObject.tag.CompareTo("B") == 0) {Bl_B =false;}
```

如果离开的碰撞器标签为"U"，则把判断 U、S 卡片是否接触的布尔变量赋值为假。

```
if (col.gameObject.tag.CompareTo("U") == 0) {Bl_B =false;}
```

当这两个条件同时满足时，把公共汽车模型隐藏起来。
保存脚本，将脚本附给碰撞器 U。并且把公共汽车模型附给变量"Obj_Bus"。
因为初始时并未显示公共汽车，所以先将公共汽车模型的激活状态取消。运行测试。错误排列时不显示公共汽车。

正确排列时，显示公共汽车模型。

完整代码如下：

```
using System.Collections;
using System.Collections.Generic;
using UnityEngine;

public class Col_Bus : MonoBehaviour {
    public bool Bl_B = false;
    //判断卡片 U 是否与卡片 B 碰撞
    public bool Bl_S = false;
    //判断卡片 U 是否与卡片 S 碰撞
    public GameObject Obj_Bus;
    //存储公共汽车模型


    // Use this for initialization
    void Start () {

    }

    // Update is called once per frame
    void Update () {

    }

    void OnTriggerEnter(Collider col) {
        if (col.gameObject.tag.CompareTo("B") == 0)
        //col 为进入字母卡片 U 中的碰撞器，
        //如果进入的碰撞器的物体标签为 B 则
        {
            Bl_B = true;
            //把判断 B、U 是否接触的布尔变量值赋值为真
        }

        if (col.gameObject.tag.CompareTo("S") == 0)
        {
            Bl_S = true;
        }

        if (Bl_B == true && Bl_S == true)
        {
            Obj_Bus.SetActive(true);
            //显示公共汽车模型
        }
    }

    void OnTriggerExit(Collider col)
    {

        if (col.gameObject.tag.CompareTo("B") == 0)
        {
            Bl_B = false;
        }
        if (col.gameObject.tag.CompareTo("S") == 0)
        {
            Bl_S = false;
        }
```

```
        if (Bl_B == false || Bl_S == false)
        {
            Obj_Bus.SetActive(false);
        }
    }
}
```

7.6 完善 AR 多卡互动

还有一个功能，在点击公共汽车的时候，出现中文与英文的发音。

在"Project"面板中新建一个文件夹，命名为"Audios"，把随书资源中的音频文件"Bus_Audio"拖动进去。

这个功能同样是用碰撞器来实现的，在公共汽车上增加一个声音源组件"Audio Source"，将音频文件"Bus_Audio"拖动到声音源组件的 AudioClip 位置，并且取消 Play On Awake（程序一运行就播放）。

给公共汽车添加一个盒子碰撞器"Box Collider"，调整大小让它与公共汽车大小一样。

新建一个脚本，命名为"Touch_Bus"，打开脚本写一个接收鼠标点击的函数。void OnMouseDown() { } 这个函数的作用是当点击到物体碰撞器的时候会执行。

在函数中写入让声音源播放的源码。gameObject 代表脚本所依附的游戏对象，gameObject 是变量的类型，注意大小写。

```
gameObject.GetComponent<AudioSource>().Play();
```

保存脚本，把脚本附给公共汽车模型。

此时汽车模型上组件应该如下图所示。

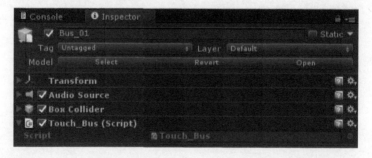

将三张识别图中之前测试用的几何体全部删除。为了避免卡片的碰撞器与汽车的碰撞器产生冲突，将卡片的碰撞器垂直向下移动，放在卡片的下方。

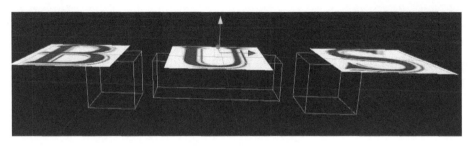

测试，显示出公共汽车模型时，点击公共汽车播放发音。

最后给这个 demo 增加一个退出按钮。

新建一个按钮，并命名为"Button_Quit"，在"Touch_Bus"脚本中写一个退出程序的按钮函数。

```
public void Button_Quit() {
    Application.Quit();
}
```

把给按钮的点击事件指定为这个退出函数（UI 自适度以及按钮赋值请看 UGUI 部分）。

注意退出按钮只有在发布后才起作用，在 Unity 编辑器中运行无法退出程序。

完整代码如下：

```
using System.Collections;
using System.Collections.Generic;
using UnityEngine;

public class Touch_Bus : MonoBehaviour {

    // Use this for initialization
    void Start () {

    }

    // Update is called once per frame
    void Update () {

    }

    void OnMouseDown() {
        gameObject.GetComponent<AudioSource>().Play();
        //脚本所依附的物体上获取声音源组件，进行播放
    }

    public void Button_Quit() {
        Application.Quit();
    }
}
```

现在整个 AR 多卡互动就做好了。如果想做成产品的话，与课程中的这个案例还是有一定差别的。方法有很多，这里提供一种思路供想要做类似产品的读者参考。

首先程序里的单词不可能是无限的，一般是制作幼教中经常出现的一些日常用品单词。

如何判断字母顺序，在每个字母上增加两个碰撞器，一个在左，一个在右。程序运行的时候，

首先要判断有多少个字母出现在屏幕之中，然后根据碰撞器相互碰撞的位置把字母的顺序排列出来。并且查找出对应的单词。

对于模型来说，不能把模型直接指定在某张识别卡之中，而是用识别出的单词寻找对应的模型。

并且将模型显示在单词中居中的一个字母上，或者显示在屏幕的中心位置。

第 8 章　恐龙博物馆 AR 互动大屏

8.1　项目策划

8.1.1　整合需求

在大屏项目中，客户往往对自己的需求并不明确，只有大概的想法，对于具体的展现方式、资源标准以及交互模式提不出明确的要求，一般由制作方提供几套方案供客户进行选择。

在提供方案时，还需要根据博物馆的实际情况（场地、预算等）对客户进行引导，尽量选择成本与周期可控且实际效果较好的方案。

方案中往往有以下 3 个方面：

1. 硬件可选方案。

  a. **大屏可选内容**：液晶、LED、投影。一般来说液晶的显示质量最好，但是成本较高。LED 显示画面较为粗糙，成本较低。而投影则对使用大屏的场地光线要求较为苛刻，如果场地中本身光线较强则会影响投影的显示，目前激光投影方式不会受到光线干扰，但是费用昂贵的同时硬件维修率较高，所以并不推荐。

  b. **程序运行端**：一般使用 Windows 系统来运行程序，极度不推荐 Android 或者 iOS 系统，尤其是一体机。

  c. **摄像头**：使用 USB 接口的摄像头，工作调试或者小型项目可以使用罗技 C920，中型或者大型项目根据实际情况选取分辨率更高的摄像头。

2. **资源标准**：在这个项目中资源主要是模型动画。建议在资源商店购买资源使用权或者在现有资源基础上进行修改，这样可以极大地节约成本并且控制制作周期。在这个项目中不推荐卡通形象类的模型，需要表现真实感最好使用游戏"次世代模型"标准。

3. **交互方式**：交互方式有体感、语音、红外感应以及后台操作等。目前体感、语音识别率上尚有较明显的瑕疵，红外感应一般也只是探测距离，如客户没有特殊需求则这里推荐使用后台操作的方式，后台操作即由特定人员使用键盘、手柄的方式根据现场游客的反应做出相应的反馈，而在非操作的情况下自动播放预制动画。

8.1.2　项目设计

首先，由于案例的特殊性，运行效果与制作时所指定的具体位置有关，这个案例中随书资源的源码仅供参考，读者下载后需要按照书中所讲进行配置，否则会出现大量穿帮、混乱等情况。

之后案例的所有制作都要以本节的设计为指导，主要有以下几个方面：

1. 观察实际场景。它是这个项目的首要前提，实际的场景决定了后续整个设计的真实度。

下方这张金属球测试截图中，显得比较真实，是因为这个配置是按笔者家中的实际环境搭建的，如果把博物馆中的程序直接拿来家中运行的话，则会出现大量的穿帮。

制作项目的时候，首先要确定摄像头的位置，在这个案例中，以读者所使用电脑的周边环境为例，找一个固定的位置当作博物馆的真实场景。确定了真实的项目环境就等于确定了整个场景中的光影、反光以及周围漫反射的色相。

然后确定摄像头所固定的位置，一般情况，摄像头是从上向下以一个斜角的方式固定。建议读者在学习时跟书中保持一致，在学习完整个流程后再尝试不同的操作，不然本章后续的学习中可能会出现偏差。

2. 选择硬件标准。硬件方面即便是学习测试也不要使用过于简单的摄像头，真实世界的画面取决于摄像头的清晰度，而虚拟对象的呈现则是由程序直接渲染，所以如果摄像头太低端则会导致真实世界模糊，虚拟对象显得特别突兀。摄像头清晰度尽量与模型精细程度一致是保证这个项目真实感的必要条件。

下面以普通 30 元摄像头与罗技 C920 摄像头（400-500 元左右）进行对比。

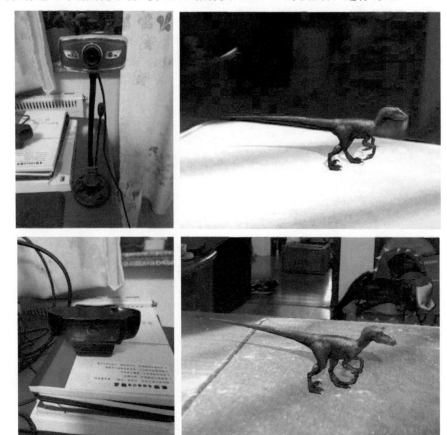

本案例中使用 Windows 与 Mac 系统皆可。实际项目中建议使用 Windows 系统，为了达到真实流畅运行，建议项目中以显卡 GTX970 为准配置组装机。

屏幕方面案例中使用电脑屏幕即可，实际项目中一般根据预算从液晶屏与 LED 屏中二选一。

3. 制定环境方案。环境方案就是通过加入环境的影响使得 AR 效果看起来更加逼真。可以通过加入各种灯光来模拟环境影响或者把真实环境制作为天空盒来形成光照。

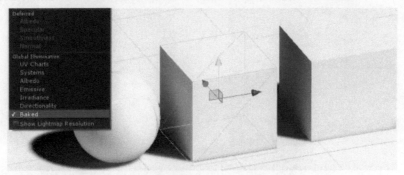

本案例中使用天空盒模拟真实环境的方式制作。

4. 制定模型动画方案。首先模型需要游戏标准的写实模型，贴图最好是基于 PBR 流程制作的（PBR 流程是基于物体特性的制作方式，会使贴图的真实感更强）。

动画一定是骨骼动画，不管怎么样的制作过程，最终的动画信息必须保存在骨骼上，不能直接导入 IK、FK、路径或者控制器之类的动画。

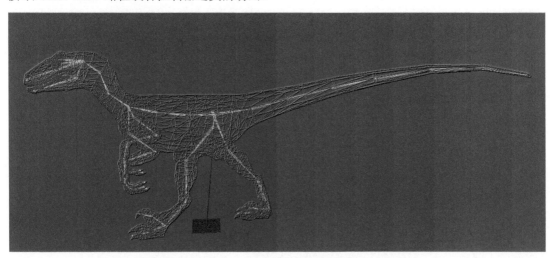

5. 制定交互方案。案例中采用二合一的方案，即后台控制加通用剧本。

后台控制是通过键盘、手柄来对恐龙进行实时的操作。

通用剧本则是让恐龙出场后根据互动区域沿着固定的线路行进，并且在设计好的节点位置播放相应动画。

8.1.3　项目预算

1. 硬件费用：

a. 摄像头，摄像头根据清晰度不同一般使用的价位在 400~3000 元不等。

b. 主机，主机以显卡 GTX970 为核心配置，价格在 6000 元左右。

c. 大屏价格区间范围较大，液晶屏根据尺寸不同，一般价格会在 5~15 万元之间，LED 则根据尺寸不同价格控制在 2~5 万元之间。

2. 资源费用： 写实类模型与动画通常会分给专业的外包公司进行制作。而外包公司也分几种，最好的外包公司是美资与法资的外包公司，在上海、苏州一带，一只写实类的恐龙模型加上蒙皮与动画根据具体需求大约在 3~6 万元不等，国内外包公司大约在 2~4 万元不等，低于两万的外包大多是电商平台和私人接单，在质量和工期上会有很大隐患。

3. 程序费用： 根据公司人员工资福利及制作周期进行计算。

4. 其他费用： 公司的日常开销，前期与客户接洽的各种活动费用也要计算在内。

5. 合计： 按照这样计算一般项目成本费用在 10 万元以上。

压缩成本主要在资源部分，动物类的模型可以在 Unity 资源商店找到，购买对应模型等于模型与蒙皮绑定的成本可以大幅缩小，而需求中特殊的动画可以独立外包或者自己制作，这样可以将成本减少三分之一到一半左右。

8.1.4　模型制作流程及标准

首先要明确在项目中使用的模型是游戏标准的模型。网上有大量的模型资源，很多模型给出的效果图片异常精美，但是下载后无法在程序中使用。这是由于网上很多一批精美的模型属于渲染类，这类模型用于静帧图片、影视动画等，这类最终看到的效果是通过耗费大量时间渲染出来的，而 Unity 中使用的模型需要实时在程序中显示，标准是完全不同的。

游戏中的模型大体上分为传统模型与次世代模型。

传统模型，可以简单理解为只有颜色贴图的模型，这种模型的光影材质等感觉是通过颜色贴图上的绘画形式表现出来的。例如下图中这把刀，上面的高光、缝隙的阴影都是在一张颜色贴图上表现出来的，当场景中光影变化，或者模型本身移动时不会产生任何变化。

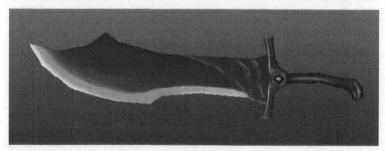

这种模型通常用在简单的卡通游戏中，比如涂色 AR 中使用的就是这种模型，手游和页游中这类模型居多。

很明显，在这个项目中传统模型并不符合要求，项目中需要真实的恐龙，恐龙皮肤的质感，移动时身上的光影变化，以及角度更改后身上的细节变动都是要实时改变的。

次世代模型是相对传统模型定义的，下方这个图片中效果就是次世代模型的效果。简单地说，次世代模型比传统模型更加精致，并且光影变化是通过实时光照呈现的。

次世代模型的参数不能一概而论，但其共性具备以下两个因素。

1. 通过法线贴图，高度贴图等让模型具备更多的细节信息。

2. 通过高光贴图或者金属感贴图，光滑度贴图等展现不同的反射效果，使模型表现不同的材质。

次世代模型制作流程如下图所示：

次世代模型制作流程

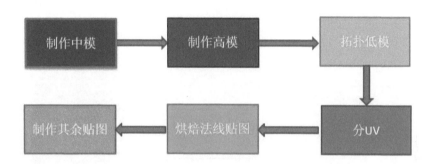

第一步，制作中模，中模是为了给高模提供模型结构，这一步骤在 3ds Max、MAYA 或者 Blender 等建模软件中制作。

第二步，制作高模，高模就需要表现出模型中所有的细节，主要是使用 Zbursh 软件进行雕刻制作。

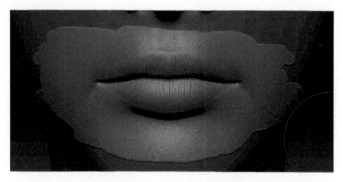

第三步，拓扑底模，因为模型的面数以及分配 UV 画贴图的关系，要在程序中实时运行的模型必须尽量减少面数。在高模上找到明显结构并通过覆盖操作制作低模的过程就叫作拓扑。

第四步，分 UV，在之前的涂色类 AR 案例中，已经详细讲过 UV 的概念，分 UV 是为了正确分配模型上的点在平面中的关系，为制作贴图做准备。

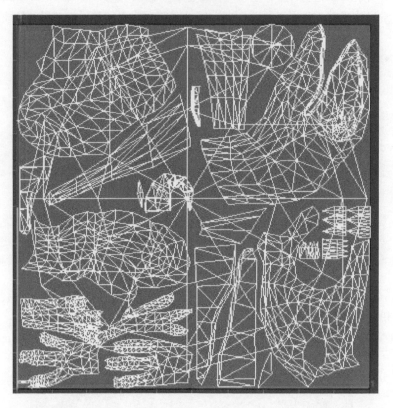

第五步，烘焙法线贴图，把高模上的细节通过烘焙的方式生成一张法线贴图，法线贴图可以使低模上显示出高模的细节结构。

第六步,制作其余贴图,这部分贴图根据实际需求并不是固定的,可能只制作一张高光贴图,也可能具备自发光、透明度、AO、金属、高度、粗糙度等贴图。

制作贴图的流程也分两种,一种是传统的 PS 制作,另一种是 PBR 流程。建议在分配外包时指定使用 PBR 流程制作。

传统的 PS 绘制流程只制作高光贴图,通过调节不同位置的反光程度来在视觉上区分材质。

PBR 流程是基于物理特性的贴图制作流程。一般使用 Substance 或者八猴软件进行制作。PBR 流程在制作时直接指定了环境,实时显示环境对模型的影响,最大程度上保证真实度。

在最终提交外包时候,需要提供的标准有:

1. 恐龙的不同角度图片,各个部位的材质情况。

2. 提供我们真实场景的全景照片。

3. 告诉美术最后模型是在 Unity 引擎中使用的。

4. 低模的面数,在这个项目中一般一只恐龙面数在 5 千面到 3 万面都是正常的,低模面数太低的话也不好,效果会棱角分明。

5. 贴图的种类,除颜色和法线贴图外,例如高光、金属、粗糙度这些贴图我们需要哪些。

6. 贴图的分辨率,一般一只恐龙需要 4K 的贴图就足够了,那么 4K 的意思其实就是分辨率为 4096×4096 的贴图。

8.1.5　动画标准

模型制作完成后动画的流程主要有:

1. 设计动画

2. 搭建骨骼

3. 蒙皮

4. 刷权重

5. 制作动画

第一步，设计动画，需要具体到动画中每个关键动作的草图，不能简单地用吃东西、睡觉等文字描述。

第二步，搭建骨骼，这一步由动画师根据经验来搭建，当然骨骼越多，动画越精细，越自然，但骨骼越多，制作难度越大，价格也越高，运行时耗费的资源也多。比如移动端游戏中人物的骨骼就会有限定，一般是 20 根左右。

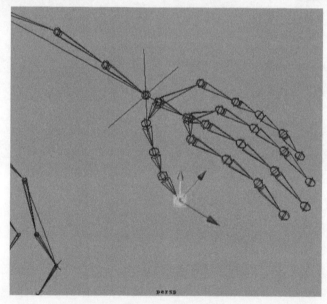

在博物馆这类项目中，以保证真实感为主，骨骼数量其实对于电脑来说毫无压力。只需要考虑制作成本即可。

第三步，蒙皮，蒙皮其实就是让骨骼跟模型之间建立关系，这样骨骼在动的时候模型才会跟着产生反应。就好像我们人的肉附在人体骨骼上，跟随骨骼一起运动。

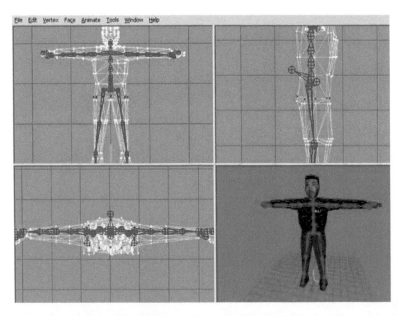

第四步，刷权重，权重其实就代表模型上的点受到不同骨骼影响的程度。每个点的权重值总和为 1。权重刷不好，后续的动画就会很不自然。

如下图所示，当骨骼移动时这条腿没有完全跟随骨骼移动，这些没有移动或者移动有问题的点，说明同时还受到了旁边的骨骼影响。刷权重就是要让我们把这些系统判断错误的地方重新进行人工修复。

第五步，制作动画，通过控制骨骼的旋转来进行制作，骨骼也可以移动，但建议最好能旋转的不要移动。

最后要提供给动画师的内容是：动画设计、骨骼数量要求以及帧速率，Unity 中的动画是以30 帧为一秒计算。

注意让动画师记录动画分帧文档，在交付动画的时候一并提供。这是动画师应该提供的，但有些外包动画师由于不专业或者偷懒不提供分帧文档。就会给后期进入程序后的编辑产生极大的困难。

项目场景搭建

8.2.1 如何增强AR的真实感

在场景搭建中增强 AR 的真实感主要有以下几个方面：

1. 合理的摄像头角度。
2. 现实场地的全景图片做天空盒。
3. 真实的阴影角度。

8.2.2 角度匹配

将 EasyAR 官方样例中的"HelloAR"复制，改名为"KL"作为案例的项目，用 Unity 打开，在"Project"面板中新建文件夹"Scenes"、"Fbxes"、"Textures"、"Audios"、"Scripts"、"Materials"、"Pics"、"Shaders"和"Animators"。

将"HelloAR"→"Scenes"文件夹中的"HelloAR"场景复制一份，改名为"KL_01"拖动到新建的一级文件夹"Scenes"中作为案例的场景。

配置 EasyAR 的摄像机秘钥，将场景中的识别图全部删除。

把随书资源中的恐龙模型包"KL_Modle"导入进来。

让模型所处的平面位置放在场景的原点，即世界坐标（0,0,0）。此时运行则效果完全穿帮。

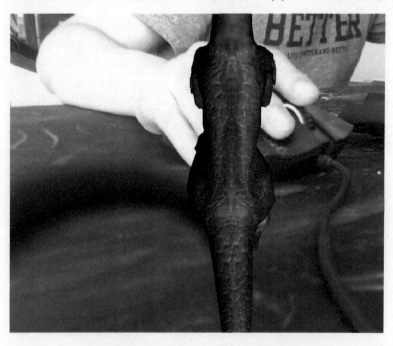

在调整角度的时候尽量不要动模型的位置，若调整模型来匹配角度会对后续的编辑动画等造成极大的困难。正确的方法是通过调整 AR 摄像机调整 AR 效果的角度与距离。

先将场景的操作角度调整至正角度，即场景右上角坐标 X 轴向左，Y 轴向上的位置。并且将恐龙调整为侧身位。

　　根据实际场景与摄像头的角度距离关系，调整 AR 摄像机的角度与位置。此时最好将 Scene 模块与 Game 模块并列显示，在 Scene 模块中调整时随时观察运行的效果。

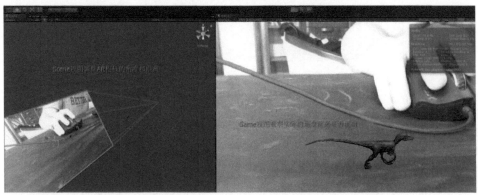

　　在运行状态下调整好的位置一旦结束运行，场景中的调整就会重置回运行之前，所以此时需要将调整后的摄像机参数进行复制后再结束运行。

　　在摄像机的"Transform"组件中选择"Copy Component"将参数复制。

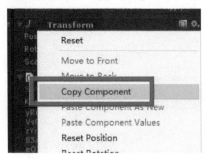

　　结束运行后选择"Paste Component Values"，将旋转角度与移动距离参数复制进来。

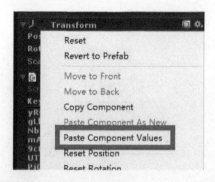

再次运行，恐龙显示在正确位置上。

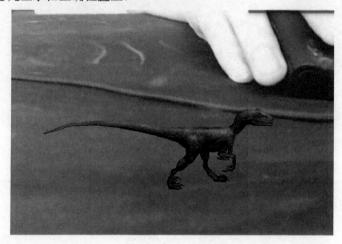

8.2.3 投影效果

在场景中新建一个 3D 面片（Plane），命名为"Land"。位置归于坐标零点，将这个面片放大。

在随书资料中找到只显示阴影的 Shader "ShadowOnly"，把 Shader 拖动到 "Project" 面板中的 "Shaders" 文件夹。

新建一个 Material，命名为 "Mat_Shadow"，将 Shader 指定为把材质附给面片 "Land"。此时运行则恐龙出现了对地面的投影，可以通过对场景中平行光 "Directional light" 的旋转来调整阴影的位置。

如果按书中所讲却未出现阴影，则需要检查以下三个方面：

1. 在质量设置中将 Windows 系统的质量设置为 "Fantastic"。

执行 "Edit" → "Project Settings" → "Quality" 命令打开质量设置面板。

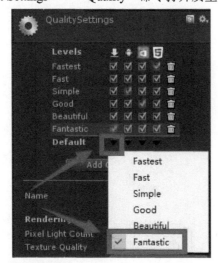

2. 在平行光 "Directional light" 属性中 "Shadow Type" 中选择 "Soft Shadows"。

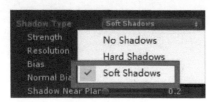

3. 在面片"Land"属性中勾选"Receive Shadows"。

8.2.4　天空盒与全景图片

天空盒相当于 Unity 中的整体环境，这个环境的色相及光照会对物体产生影响。以下图为例，图中在不同的天空盒下，恐龙的色相和光照情况产生了很大的变化。如下图所示，展示了两种天空盒下恐龙在场景及运行状态时的色相变化。

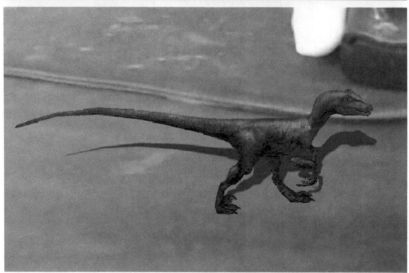

　　天空盒的内容是由对应的全景图片决定的。全景图片的宽高比为 2:1。拍摄的是摄像机周围 720 度范围的内容。

制作全景图片有两种方式：

1. 通过专业的设备进行拍摄，获取 HDR 格式的全景照片。

HDR 全景照片是高动态光照渲染图像，这种格式能够真实地反应环境的曝光等细节特点，光源清晰，制作此类项目时能够最大化地给予模型真实光照。预算允许的话建议使用这种方式获取真实场景的全景图。

2. 通过普通相机或者手机中的全景图功能处理获取全景图片。

普通照片色调会偏向于现实中的亮部或暗部，丢失一些细节，光源并不清晰。

加入天空盒的方式：

1. 导入全景图片，将全景图片属性中"Texture Shape"改为"Cube"。

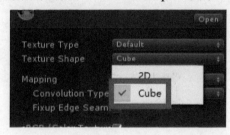

2. 新建材质 Material，Shader 指定为"Skybox"→"Cubemap"。

3. 将 1 中的全景图片指定到 2 的材质中。

4. 打开"Windows"→"Lighting"，将 Skybox 指定为想要的天空盒，Ambient Source 选为"Skybox"，Reflection Source 选为"Skybox"。

5. 单击下方"Other Settings"中的 Build 按钮进行渲染。建议将 Auto 关闭。

可以使用随书资料中提供的 HDR 图片进行测试，如果天空盒太亮，导致阴影消失，可以调节天空盒材质中的参数"Ambient Intensity"。

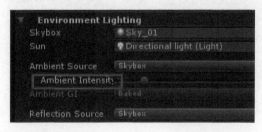

8.2.5 制作全景图片

HDR 照片使用专业设备拍摄即可，如果没有专业设备，可以通过手机进行拍摄后用 PS 处理获得。

1. 在手机上找到全景照相功能，iPhone 自带，其他手机如果没有可以通过下载相应软件获取。
2. 在水平、斜上、斜下三个角度上分别拍出三张全景照片。

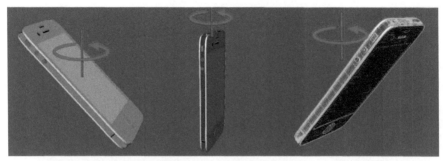

3. 将这三张图片在 PS 中合成为一张全景图片。

8.3　动画控制

8.3.1　动画控制设计

首先确定当前控制的形式：使用键盘进行控制。本案例中动画的控制设计如下：

1. 当程序运行后，恐龙出现在屏幕中，运行待机动画。
2. 按下键盘上的 R 键，恐龙尖叫。
3. 按下键盘上的 X 键，恐龙低下头到处出闻。
4. 按下键盘上的 C 键，恐龙低下头吃东西。
5. 按下键盘上的 Q 键，恐龙向左转。
6. 按下键盘上的 E 键，恐龙向右转。
7. 按下键盘上的 W、S、A、D 键，恐龙向前后左右四个方向移动。
8. 单击按钮，所播放的动画结束后继续进入到待机动画。

8.3.2　Mecanim动画系统

本案例中使用的是 Unity Mecanim 动画系统，相对于 Unity 传统的动画系统控制更加精确，更容易把控动画融合。

在"Project"面板中找到模型 FBX 文件，在模型的检视面板中，进入 Rig 标签，在动画类型"Animation Type"中，选择"Generic"。

Mecanim 动画系统所使用的是 Animator 组件，选中场景中的恐龙，在检视面板中找到 Animator（如果没有则手动添加），有两个重要的选项，一是控制器 Controllor，二是 Avatar。控制器是用来管理和控制动画的，需要自己手动创建并且指定进组件中。Avatar 就是阿凡达，解释起来比较麻烦，可以类比电影《阿凡达》，理解为对应的骨骼即可，在 FBX 骨骼动画导入进来后会自动生成。

在"Project"面板中的"Animators"文件夹中新建一个控制器，单击鼠标右键，执行"Create"→ "Animator Controllor"命令，并命名为"KL_Anim"。

把这个控制器拖动到场景模型"Animator"组件中的 Controller 中。则此时场景中的恐龙模型受到"KL_Anim"的控制。

注意如果模型上同时存在之前的 Animation 动画组件，需要把这个组件删除，Animation 是传统动画组件。

8.3.3　播放待机状态动画

选中"Project"面板中恐龙模型的 FBX 文件，在"Animations"标签中"Clips"面板中都是分割好的动画片段。

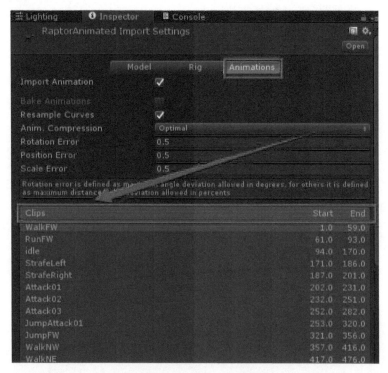

这些分割好的动画片段在 FBX 文件中可以展开，根据图标大小不同显示不同。动画控制器中的动画就是从这里面拖入的。

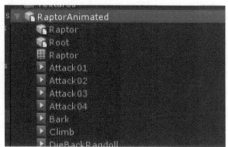

首先将需要的动作与动画片段英文做一一对应，注意这里不是翻译，而是将设计内容与动画名称做对应。

待机——idle，尖叫——Bark，闻东西——Smelling，吃东西——Eating，向前走——WalkFW，向后走——WalkS，向左走——WalkNW，向右走——WalkNe。

双击上一节创建的动画控制器（动画状态机）"KL_Anim"进入动画控制器面板，面板中初始状态如下图所示。

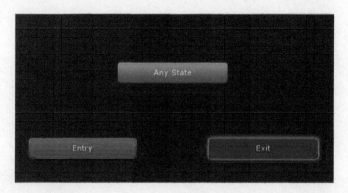

将 FBX 模型展开动画中的待机"idle"拖动到面板中。此时"Entry"与"idle"之间会自动连线。Entry 代表着动画控制器初始执行的内容，第一个拖动的动画会被连线，表示默认播放的动画。此时运行，则恐龙执行默认动画。

如果待机动画只播放了一遍就停止，请在 FBX 动画面板中选中"idle"动画，在下方勾选"Loop Time"。

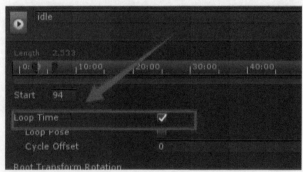

8.3.4　动画的切换及融合

制作一个待机与进食切换的功能。把动画"Eating"拖动到动画控制器中，第一个动画之后的连线需要手动添加。

在动画"idle"上右键，选择"Make Transition"，此时会出现一条连线，将这条连线拖到"Eating"动画上点击一下，同样从"Eating"动画上也连一条线指向"idle"，这样两个动画之间的转换关系就确定了。

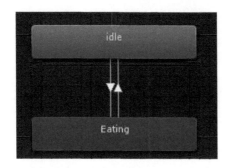

此时运行，恐龙会在待机与进食动画间不停切换。

按照之前的设计，按下 C 键时才让恐龙从待机状态切换至进食动画，需要两个操作：

1. 给动画的切换增加参数作为开关。

2. 使用代码编写具体的操作方式。

在"Animator"面板中找到参数"Parameters"，单击加号增加一个"Trigger"类型的参数，命名为"Eat"。

选中"idle"动画向"Eating"动画切换的箭头，在检视面板中找到转换条件"Conditions"，单击加号，选择"Eat"作为转换条件，则激活参数"Eat"时让动画转换。

上方有"Has Exit Time"选项，这个选项要求前一个动画完全播放完成后才可以转换，此处的设计是只要按下 C 键就立刻转换，因此需要把它取消掉。

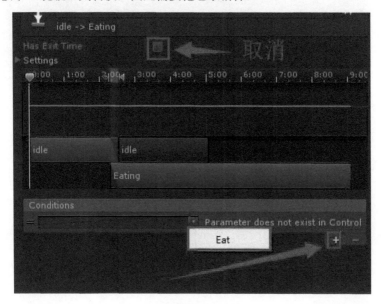

在"Project"面板中的"Scripts"文件夹中新建一个C#脚本，命名为"Anim_Ctrl"。

申请变量存储恐龙模型 public GameObject KL_Obj;。

在 Update 函数中编写代码，当按下 C 键时，获取动画控制器并且激活对应的参数。

```
if (Input.GetKey(KeyCode.C))
{
KL_Obj.GetComponent<Animator>().SetTrigger("Eat");
}
```

保存脚本，在场景中新建空物体，命名为"Script_Manager"，把脚本"Anim_Ctrl"挂载上去。给变量赋值，然后运行。此时恐龙一直处于待机状态，当按下 C 键时进行进食动作。

此时会发现动画切换太快并不自然，需要调节动画融合，在动画切换箭头的监视面板中，如下图所示，调整两个动画模块相互交错的部分，可以达到动画融合的目的。

动画融合部分越多，则切换动画时越自然，但是太多的话，也会影响切换速度，需要读者自己边调节边测试。

8.3.5　控制恐龙行走动画（Blend Tree）

"Blend Tree"是动画控制器中的一个特殊动画模块，可以将多个动画编辑为一个动画参与面板的编辑。

恐龙的行走需要用动画控制器中的"Blend Tree"实现，由 Blend Tree 来控制五个动画"向前"、"向后"、"向左"、"向右"以及"待机"。

不用上一节中的办法来实现基本的行走与待机，有以下几个原因：

1. 前、后、左、右及待机这五个动画联系紧密，切换频率高，使用连线的办法在动画控制器面板中编辑起来会很麻烦，而且连线错综复杂，动画编辑量成几何倍数上升。

2. 本节内容对动画融合有很高的要求，连线方式只适合单一动画切换，例如尖叫和进食这两个动画只能单独发生，而行走时除前后左右正方向外，还可以向斜方向行进，例如向前的同时向左，向后退的同时向右。

3. 考虑到项目扩展，这个案例除使用键盘之外，还可以使用手柄等硬件进行控制，"Blend Tree"同样适用于手柄的方向摇杆。

"Blend Tree"的编辑也很简单，下面就以恐龙行走为例来进行编辑。先将之前拖入的动画全部删除（选中动画按下 Delete 键），只留默认的三个模块。

新建一个"Blend Tree"，在空白处单击鼠标右键，并执行"Create State"→"From New Blend Tree"命令。

双击新建好的"Blend Tree"可以进入它的编辑面板，在"Blend Tree"编辑面板的空白位置双击可以返回动画控制器主面板。

进入"Blend Tree"编辑面板后，选中模块，在检视面板中，将混合模式"Blend Type"改为"2D Simple Directional"。

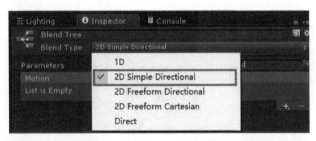

在下方的"Motion"中，单击加号，增加五个动画文件栏。

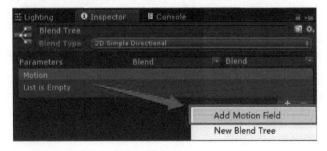

将前后左右行走以及待机这五个动画添加进检视面板中的行为。并将行为坐标设置为：

待机 idle(0,0)，向前走 WalkFW(0,1)，向后退 WalkS(0,-1)，向左走 WalkNW(-1,0)，向右走 WalkNE(1,0)，此时"Blend Tree"面板如下图所示：

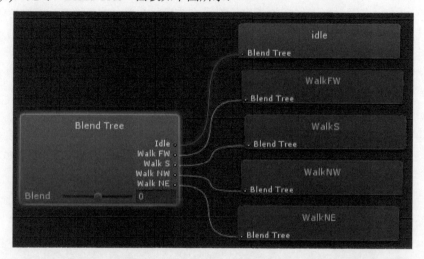

此时检视面板如下图所示。图形面板中的每个小方块就代表一个行走动画，待机动画在中央。

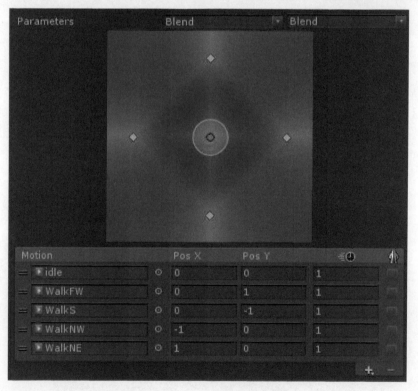

中央红色的点是控制动画播放的控制器，当红色的点靠近哪个点，此时模型就会播放哪个动画。所以对动画的控制就是对红色点坐标的控制。红色点的坐标就是上方"Parameters"中的两个参数。

按上一节的方法建立两个动画控制器参数，类型为 Float，分别命名为"FB"、"LR"，代表控制前后和左右的参数。

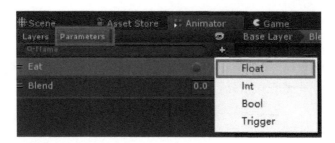

在"Blend Tree"的检视面板中将参数分别指定为"LR"与"FB"。

打开脚本"Anim_Ctrl"，将之前 Update 中的控制代码删除。

写入新的代码：

```
KL_Obj.GetComponent<Animator>().SetFloat("FB", Input.GetAxis("Vertical"));

KL_Obj.GetComponent<Animator>().SetFloat("LR", Input.GetAxis("Horizontal"));
```

这段代码是将 W 和 S 键按下的值赋予动画控制器参数"FB"，将 A 和 D 键按下的值赋予动画控制器参数"LR"。

此处并没有使用单独判断每个键位的代码，而是使用垂直控制器"Vertical"与水平控制器"Horizontal"，垂直控制器在键盘上代表 W 和 S 键，水平控制器在键盘上代表 A 和 D 键。这两个控制器代码可以在大多数硬件中通用，直接适用案例中的手柄。

保存运行，此时不做操作则播放待机动画，按下对应的键后，恐龙执行对应的行走动画。

8.3.6　控制行走位移

行走动画控制制作完成后还需要让恐龙有具体的位移。

申请两个变量用来代表恐龙模型的 x 与 z 坐标。

```
private float translationFB;
private float translationRL;
```

申请一个变量用来控制移动速度，初始值设置为 0.05，这个值根据读者制作时恐龙的大小等实际因素自行调整。

```
public float Move_Speed=0.05f;
```

在 Update 函数中，给恐龙的 x，z 坐标分别赋值为垂直控制器与水平控制器按下时的值，并且乘以参数 Move_Speed 用来调节速度。

将值附给恐龙的坐标，让恐龙移动起来。

```
translationFB = Input.GetAxis("Vertical") * Move_Speed;
translationRL = Input.GetAxis("Horizontal") * Move_Speed;
KL_Obj.transform.Translate(translationRL, 0, translationFB);
```

保存运行，此时按下 W，A，S，D 键时，恐龙的移动动画和位移都会产生。

8.3.7　处理同时进行的动画（动画遮罩）

设计的动画控制中还有尖叫、进食、低头闻三个动画没有加入，其中尖叫动画是特殊的。

这个案例中恐龙进食与低头闻动作从合理性上讲只能够单独播放，无法跟行走动画同时进行，所以直接进行切换就可以了。

尖叫动画则不同，尖叫动画可以单独播放也可以在行走时进行尖叫。所以这个动画只需要播放脖子以上的部分，脖子以下的部分可以执行其他任何的动作。这样的动画组合能够让交互方式多变，显得更加真实。

这种模型的某个部分可以在其他动画播放时同时播放的操作，需要用到动画控制器中的遮罩层（Mask）。

遮罩层等于在原有动画控制器的基础上覆盖了一层内容，例如在动画控制器的基础层中正在播放行走动画，而遮罩层中头部的动画也在播放，则此时遮罩层的头部动作就会替代基础层中的头部动作。

如下图所示的基础层。在动画控制器中新建一个层，命名为"Mask"，把它作为遮罩。

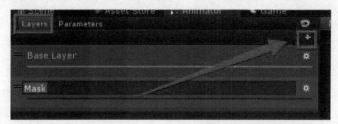

尖叫动画不需要在一开始就播放，因此在遮罩层中新建一个空的动画状态机，让它代表默认动画。单击鼠标右键，执行"Create State"→"Empty"命令。把尖叫动画"Bark"拖动到遮罩层。

在动画控制器面板中，有 AnyState 状态机，通过这个状态机连接的动画，在处于任意状态时都可以直接切换。因此将 AnyState 添加箭头指向 Bark 动画，把 Bark 连接到 Exit 上，在尖叫完后会退出动画。因此，遮罩层的状态机连线如下图所示。

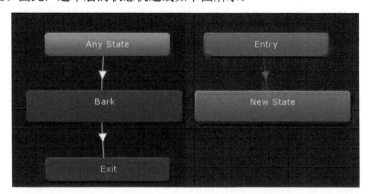

设置骨骼遮罩，就是把遮罩层中不需要动画部分的骨骼取消。这里只需要头部的尖叫动作，要把颈部以下的骨骼激活状态取消。

在"Project"面板中新建文件夹，命名为"AvatarMasks"，用来存储和管理骨骼遮罩，在其中新建骨骼遮罩，单击鼠标右键，执行"Create"→"AvatarMask"命令，命名为"BarkMask"。选中这个骨骼遮罩，在检视面板中找到"Transform"打开下拉框，在骨骼来源"Use skeleton from"中选择恐龙的骨骼。

单击导入"Import skeleton"打开骨骼所有层级，将颈部以下的骨骼全部取消。

如果不清楚骨骼对应关系，可以在场景面板中打开恐龙模型的层级，选中骨骼进行旋转，观察骨骼对应的位置。

更改之后取消的部分如下图所示。

回到动画控制器面板，将基础层的混合状态设置为 override。将 Mask 层的混合层状态设置为 Additive，并且 Weight 设置为 1，代表遮罩层动画的覆盖强度为 100%，Mask 的位置选择编辑好的遮罩骨骼 "BarkMask"。

增加一个参数用来控制 "AnyState" 状态机到 "Bark" 的切换。增加 Trigger 类型参数，命名为 "Bark"。

选中 "AnyState" 到 "Bark" 的切换箭头，在检视面板中将转换条件 "Conditions" 设置为参数 "Bark"。

打开脚本 "Anim_Ctrl"，新写一个函数，按下 R 键时激活动画控制器中的参数 "Bark"。将这个函数放入到 Update 函数中。

```
void Bark()
   {
      if (Input.GetKey(KeyCode.R))
      {
      KL_Obj.GetComponent<Animator>().SetTrigger("Bark");
            }
   }
```

保存脚本，运行，此时恐龙可以在任何状态下按 R 键都可以让头部执行尖叫动画。

8.3.8　完善动画

根据 8.3.1 节中的设计，还有进食与低头闻的动画需要加入。在基础层中把动画 "Eating"，"Smelling" 拖动进来。

从"AnyState"引出箭头，并分别指向"Eating"与"Smelling"，再从两个动画上引出箭头指向混合状态机"Blend Tree"。代表可以从任何状态切换到这两个动作，而这两个动作结束后，切换回最初的混合状态机。

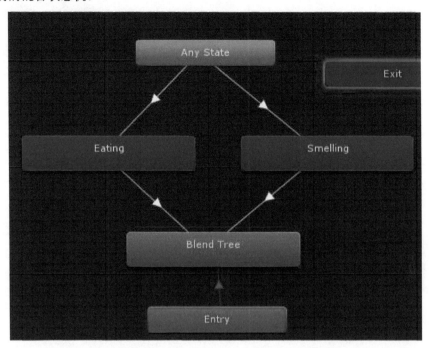

申请两个 Trigger 类型的变量控制进食与低头闻的动画切换，分别命名为"Eat"、"Smell"。把这两个参数分别指定给"Any State"向"Eating"与"Smelling"切换的条件。

其中从"AnyState"引出的箭头在检视面板中要去掉"Has Exit Time"，表示上一个动画处于任何状态时都可以直接切换。

而从"Eating"与"Smelling"向"Blend Tree"引的箭头则要勾选"Has Exit Time"，以保证进食动画与低头闻动画播放的完整性。这个是否要勾选需要根据动画的实际情况进行判断。

打开"Anim_Ctrl"脚本，分别写出切换进食动画与切换低头闻动画的函数。

```
void Eat()
    {
        if (Input.GetKey(KeyCode.C))
        {
                KL_Obj.GetComponent<Animator>().SetTrigger("Eat");
        }
    }

void Smell()
    {
        if (Input.GetKey(KeyCode.X))
        {
                KL_Obj.GetComponent<Animator>().SetTrigger("Smell");
        }
}
```

将这两个函数在 Update 函数中调用，保存脚本，运行测试。动画控制成功，如果切换过于生硬则调整切换连线检视面板中的动画融合程度。

8.3.9　修改Bug

查找并且修改 Bug 的过程占项目的比重很大，案例中也一样。

实际作品和项目中的 Bug 需要读者进行大量测试进行查找，这里指出案例中的几处明显的 Bug：

1. 在进食和低头闻动画时，同时按下行走键，会在进食和低头闻的过程中产生位移。

2. 在进食和低头闻动画时，按下 R 键，头部会出现尖叫的动作。

在修复 Bug 前先需要将代码整理一下，让代码更加清晰，便于管理。

将 Update 中控制行走位移的代码单独写成一个函数。

```
void Translate_Ctrl() {
        translationFB = Input.GetAxis("Vertical") * Move_Speed;
        translationRL = Input.GetAxis("Horizontal") * Move_Speed;
        KL_Obj.transform.Translate(translationRL, 0, translationFB);
}
```

将控制行走动画的代码也单独写为一个函数。

```
void Move() {
  KL_Obj.GetComponent<Animator>().SetFloat("FB", Input.GetAxis("Vertical"));
  KL_Obj.GetComponent<Animator>().SetFloat("LR", Input.GetAxis("Horizontal"));
    }
```

在 Update 中调用这两个函数，这样 Update 中的功能就更加清晰。

```
void Update () {
        Translate_Ctrl();
        Move();
        Bark();
        Eat();
        Smell();
    }
```

先解决第一个 Bug，只有当恐龙播放行走动画的时候才可以产生位移，也就等于当 "Blend Tree" 动画状态机运行时允许位移，因此只需要给调用的位移函数加一个 if 条件即可。

```
KL_Obj.GetComponent<Animator>().GetCurrentAnimatorStateInfo(0).IsName("Blend Tree")
```

满足这个条件时才可以调用 `Translate_Ctrl();`。

第二个 Bug 同理，只有当恐龙待机或者行走时才可以尖叫，即当 "Blend Tree" 动画状态机运行时允许调用 `Bark();`。给 Bark 函数增加同样的条件。

8.4 **项目拓展**

8.4.1　加入声音（动画事件）

将随书资料中的两个声音文件"Bark"和"Smell"拖动到"Project"面板中的"Audios"文件夹中。

在恐龙模型上增加一个声音源组件"Audio Source"，把属性中"Play On Awake" 取消。

打开脚本"Anim_Ctrl"，申请变量存储尖叫"Bark"音频。

```
public AudioClip Bark_Clip;
```

在尖叫函数中，把音频文件附给恐龙模型的声音源组件，并且进行播放。

```
KL_Obj.GetComponent<AudioSource>().clip = Bark_Clip;
KL_Obj.GetComponent<AudioSource>().Play();
```

保存脚本给变量赋值，运行后发现虽然声音可以跟随动画播放，但是声音速度太慢，可以加入代码在播放前把声音源组件的播放速度调整，此处使用 1.5 倍速度。

```
KL_Obj.gameObject.GetComponent<AudioSource>().pitch = 1.5f;
```

还有低头闻的声音，这里使用动画事件的方式播放声音。动画事件的函数的脚本必须挂在模型上，所以先创建一个脚本，命名为 Audio_Ctrl。

在这个脚本中先申请变量存储 Smell 音频。

```
public AudioClip Smell_Clip;
```

创建播放闻东西声音的函数。

```
public void Au_Smell()
    {
 gameObject.GetComponent<AudioSource>().clip = Smell_Clip;
 gameObject.GetComponent<AudioSource>().Play();
}
```

保存脚本，把这个脚本附给恐龙模型，指定对应的声音变量。

在"Project"面板中，找到恐龙的 FBX 模型，进入动画面板，找到动画"Smelling"，在下方找到 Events，展开后单击如下图所示的按钮，可以在红色动画指针播放的位置增加一个动画事件。

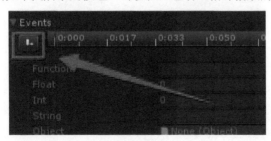

在时间条上的白色小方块是动画事件，单击选中动画事件，在下方的 Funcion 中填写入对应的函数名"Au_Smell"。表示每当动画运行到这个时间点时，都会触发这个事件执行 Au_Smell 函数。

此时运行，则播放低头闻动画的同时播放了声音，如果声音播放得太慢，同样使用之前的方法将声音源组件的播放速度调快。

```
gameObject.GetComponent<AudioSource>().pitch = 1.5f;
```

8.4.2 手柄控制

常见的蓝牙手柄有以下几种，手柄操作相对于键盘而言更加便于隐藏。在电脑上插一个 USB 接口的蓝牙适配器即可与这些蓝牙手柄连接。需要注意蓝牙手柄当前要调整为 PC 模式。

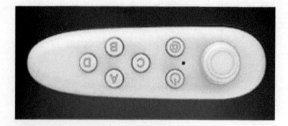

连接蓝牙手柄后运行程序，则手柄上的方向摇杆可以直接操作恐龙的行走。其他功能只需要略加调整即可。

一般手柄上按键通用的代码为开火与跳跃键。只需要把输入按键条件改为以下两种即可。

```
Input.GetButtonDown("Fire1")
Input.GetButtonDown("Jump")
```

其他的按键要根据手柄的说明书进行查询，对应 Unity 中的"Edit"→"ProjectSettings"

→"Input"中的按键名称。

8.4.3　现实物体对虚拟物体的遮挡

通过 AR 的显示原理可以知道，AR 中的现实场景是作为一张背景显示在虚拟物体后方的，因此现实中的物体是不可能遮挡虚拟物体的，但是在视觉效果上可以做到这一点。

例如图中这个盒子，盒子无法遮挡恐龙，此时由于恐龙的位置关系不恰当，视觉上形成了穿帮。

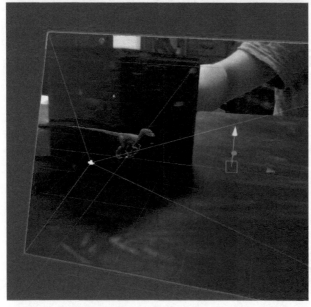

但是通过剔除效果，可以实现盒子遮挡恐龙的效果。

将随书资源中的 Shader "Mask" 和脚本 "SetRenderQueue" 拖动到项目对应文件夹中。

在场景中新建一个 3D 盒子 Cube，命名为"Cube_Mask"。新建一个材质命名为"Mat_Mask"，Shader 指定为"Masked"→"Mask"，将材质附给"Cube_Mask"。

找到恐龙模型中的子物体"Raptor"，这个子物体是恐龙的网格模型，上面具有模型的渲染组件，因此将脚本"SetRenderQueue"附给它，此时"Cube_Mask"这个盒子就可以剔除恐龙模型在其上的显示了。

　　将盒子放在恐龙上运行，会发现在盒子中的恐龙部分被剔除了。

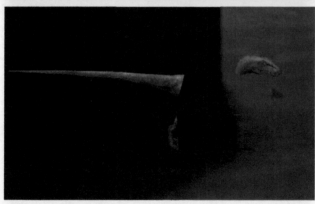

　　运行时，在 Scene 场景中调整盒子的大小和位置，直到在 Game 视图中"Cube_Mask"与现实中的盒子重合。

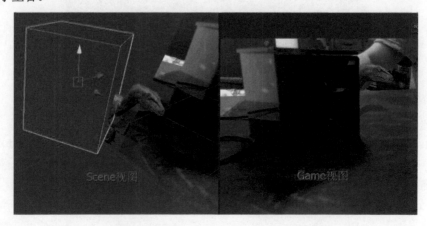

　　此时视觉效果上现实中的盒子遮挡了虚拟的恐龙，如果结束运行则盒子会重置回运行之前，因此先复制盒子"Cube_Mask"的 Transfrom 属性后再结束运行。

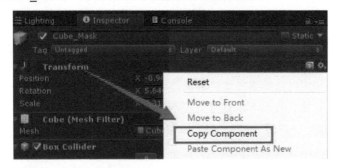

把复制的属性粘贴给"Cube_Mask"。

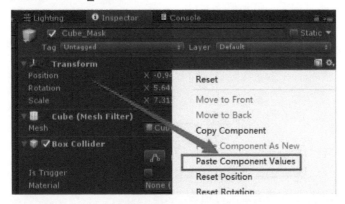

此时"Cube_Mask"剔除恐龙的位置正好达到现实中盒子遮挡恐龙的效果。

8.4.4 自动循环动画

实现大屏中的恐龙自动循环动画有三种方式：

1. 使用透明视频播放

确定好场地的光影和摄像头角度后，制作透明背景的恐龙视频进行播放。

优点是渲染的视频可以达到很真实的效果。

缺点是成本高，容错率低，一旦角度出现偏差，必须重新渲染制作。

2. 直接制作完整的动画

在建模软件中制作出完整的动画，例如，目前案例中的动画每个动作只做一次，但没有位移，所谓完整动画，就是将恐龙整个行进的过程包括行进的距离全部制作出来。

优点是程序上不需要编辑，流畅度高。

缺点是成本高，不方便调节和控制。

3. 使用程序控制动画

设置恐龙的行进节点，让恐龙按照设置的节点行进。起始点自动生成恐龙，结束点自动销毁恐龙。

优点是制作成本低，容易维护和调整。

缺点是渲染效果比1，2两种方法略差。

案例中使用第三种方式制作，首先制定制作流程和动画剧本。

在场景中铺设路径，控制脚本放在恐龙身上，把恐龙作为预制物体，每隔一段时间，在起点上生成一个新的恐龙，当走到路点尽头时销毁恐龙。

动画剧本：路径从屏幕左侧铺设到屏幕右侧。让恐龙沿着弧形路径行走，在游客站立的互动区域位置，低头吃东西，进食动画结束后继续沿着路径行走直到消失。

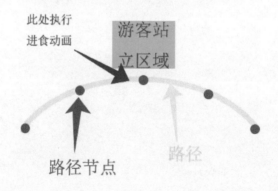

8.4.5 自动循环动画制作

将场景文件"KL_01"复制一份，命名为"KL_02"，进入这个新场景进行编辑。

1. 铺设路点

在随书资料中找到路点脚本"PathNode"，并拖动到项目中。新建一个空物体，命名为"P_01"，把脚本"PathNode"附给这个空物体作为路径节点，根据上一节设计的剧本放在屏幕的左侧作为起点，*Y* 轴坐标归 0，以确保路径节点在设计的水平面上。

空物体没有显示，不便于观察，在"Project"面板中新建一个文件夹，命名为"Gizmos"，将随书资料中的图片文件"Point"拖动进来。由于路点脚本中编写了使用这个图片的代码，此时这些节点会在 Scene 场景中显示出来便于观察。

将这个节点复制四个，分别命名为"P_02"、"P_03"、"P_04"、"P_05"，调整这些节点的 *X,Z* 坐标，让它们形成设计好的弧形路径。

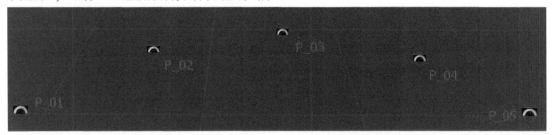

注意这些节点只能水平拖动，也就是说坐标的 *Y* 值必须为 0，否则会出现高低落差使得恐龙动画出现穿帮。

排布好之后，在路点的检视面板中找到脚本"PathNode"上的变量"Parent"和"Next"，这两个变量分别存放到当前路点的上一个路点与下一个路点。

将对应路点拖动到变量赋值，此时"P_01"没有上一个路点，而"P_05"没有下一个路点。

2. 建立新动画控制器

新建动画控制器，命名为"Anim_Auto"，把动画"WalkFW"与"Eating"拖动进来，连线方式如下。

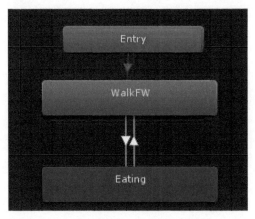

在这个动画控制器中新建一个 Trigger 参数，并命名为"Eat"。用这个参数控制"WalkFW"向"Eating"的切换，取消切换过程的"Has Exit Time"选项。

编辑好之后将这个动画控制拖动到场景中的恐龙模型 Animator 组件中的"Controller"。

3. 编写脚本

新建脚本，命名为 KL_Auto，在脚本中写入恐龙的移动函数，旋转函数，以及切换动作的时间点。

把脚本附给恐龙，将恐龙身上原有的脚本取消，并且把场景中之前制作的遮罩盒子删除。

根据自己的实际配置调整面板中的各个参数，运行后，恐龙会根据路径行走，并且在互动区产生相应动画。

　　此时场景中的恐龙在行进完一次之后就消失了，需要通过不断生成新的恐龙来保证循环。

　　在"Project"面板中，新建文件夹"Prefabs"用来存储和管理预制体。把场景中的恐龙拖动到这个文件夹中，形成一个预制体。

　　新建一个脚本，命名为"KL_Ins"，申请变量存储恐龙预制体。

```
public GameObject KL_Pre;
```

申请变量用来计时：

```
private int Frame_Count;
```

写一个生成恐龙的函数：

```
void Ins()
    {
        Instantiate(KL_Pre, gameObject.transform.position, gameObject.transform.rotation);
    }
```

表示在脚本所挂载的游戏对象位置上生成一只恐龙。

　　在 FixedUpdate 函数中按帧数计时，30 帧为一秒，按恐龙行进一次的过程时间调用 Ins 函数（帧的概念请参照 3.2.6 节内容）。

```
void FixedUpdate() {
    Frame_Count++;

    if (Frame_Count>800) {
        Ins();
        Frame_Count = 0;
    }
}
```

　　保存脚本，将"KL_Ins"脚本挂载在路点"P_01"上，在检视面板中将恐龙的预制体附给变量，这样恐龙的自动动画就做好了。

第9章 常用内容查询

本部分主要针对本书案例的常用代码中需要更改的内容使用中文标注，一般不需要更改的部分则直接填入常用值。有特殊需要请查询官网释义。

 ## 9.1 第6章常用代码查询

给模型指定贴图：

```
模型.GetComponent<Renderer>().material.mainTexture =指定贴图;
```

获取游戏对象的世界坐标：

```
游戏对象.transform.position;
```

获取 3D 面片的宽与高：

```
3D面片.GetComponent<MeshFilter>().mesh.bounds.size.x;
3D面片.GetComponent<MeshFilter>().mesh.bounds.size.z;
```

截屏：

```
Texture2D 类型变量. ReadPixels (new Rect(截图起始位置横坐标, 截图起始位置横坐标,截图宽
度,截图高度),0,0);
Texture2D 类型变量. Apply ();
```

根据世界坐标获取对应的屏幕坐标：

```
屏幕坐标= Camera.main.WorldToScreenPoint(世界坐标);
```

让游戏对象处于激活状态：

```
游戏对象.SetActive(true);
```

让游戏对象处于非激活状态：

```
游戏对象.SetActive(false);
```

延迟函数：

```
在函数名前使用 IEnumerator
```

函数中必须有延迟信息，例如：

```
yield return new WaitForSeconds(延迟时间);
```

9.2 PS 常用操作

注意所有快捷键的前提条件是需要当前输入法处于英文状态。

新建："文件"→"新建"。
存储为不同格式："文件"→"存储为"。
放大显示：按住 Alt 键滑动鼠标滚轮。
平移视图：按住空格键当鼠标光标变成小手时按下鼠标左键拖拽。
选区：工具栏中鼠标按下框选工具不放，可选择矩形选区或椭圆选区。
选区快捷键：M。
正圆：按住 Shift 键拖拽椭圆选区。
从中心位置拉出选区：按住 Alt 键拖拽选区光标。
取消选区：Ctrl+D。
移动工具快捷键：V。
复制：在移动工具状态下按住 Alt 键拖动。
删除选区内颜色：Delete。
返回上一步：Ctrl+ALt+Z。
自由变换工具：使用选区选择区域后 Ctrl+T，拖拽工具上的小方块为缩放（旋转时在变换区域外围按鼠标左键拖拽）。
以当前中心为轴等比例缩放：按下 Shift+Alt 组合键后进行拖拽自由变换工具进行缩放。
确定变换操作：鼠标双击或者按回车键。
将涂色板变为默认的前景黑背景白：D。
填充前景色：Alt+Delete。
填充背景色：Ctrl+Delete。
缩小选区：在有选区的情况下，"选择"→"修改"→"收缩"。

注意以上操作需要对应图层操作；
快捷键必须在英文状态下。

9.3 第 6 章常用 MAYA 操作

存储 MAYA 文件：菜单。

视图与显示操作

平移视角：Alt+鼠标滚轮拖动。
放大视角：鼠标滚轮。
旋转视角：Alt+鼠标左键拖动。
多视图显示：空格键。
单视图显现：将鼠标放在对应视图中按空格键。
线框显示：键盘 4。

实体显示：键盘 5。

贴图显示：键盘 6。

单独显示选中物体：Alt+H。

全部将物体显示：Ctrl+Shift+H 或者 Display→Show→All。

模型基本操作

创建球体：在没选择物体的情况下，在空白处按 Shift+鼠标右键并选择 Sphere。

创建柱体：在没选择物体的情况下，在空白处按 Shift+鼠标右键并选择 Cylinder。

物体面级别：在模型上单击鼠标右键不放并选择 FaceMode。

物体级别：在模型上单击鼠标右键不放并选择 ObjectMode。

点级别：在模型上单击鼠标右键不放并选择 Vertex。

修改参数

物体属性面板：选择物体的情况下按 Ctrl+A 组合键。

选择

选择连续的环线：双击环线上的一条线段。

加选：按住 Shift 键不放，继续单击新的内容。

取消物体选择：在空白处单击鼠标左键。

更改物体

移动：W。

旋转：E。

缩放：R。

加长物体的轴：键盘上的"+"键。

缩短物体的轴：键盘上的"−"键。

UV部分

切开 UV：在 UV 编辑器中选中要切开的边，按下 Shift 键不放，单击鼠标右键并选择"Cut UVs"。

缝合 UV：在 UV 编辑器中选中要缝合的边，按下 Shift 键不放，单击鼠标右键并选择"Sew UVs"。

疏松 UV：在 UV 编辑器中选中要缝合的 UV，按下 Shift 键不放，单击鼠标右键并选择 "Unfold"。

对齐 UV：选中要对齐的 UV，使用 UV 编辑器菜单中的对齐按钮，有四种不同方向的对齐方式。

导出选定的模型：选中模型，在菜单栏中执行"File"→"Export Selection"命令。

撤回一步操作：Ctrl+Z。

挤出：选择需要挤出的面，按下 Shift 键+单击鼠标右键，并选择 ExtrudeFace。

删除：Delete。

删除历史：在菜单栏中执行"Editor"→"Delete by Type"→"History"命令。

 9.4　第 7 章常用代码

进入碰撞器函数：

```
void OnTriggerEnter(Collider col) {}
```

离开碰撞器函数：

```
void OnTriggerExit(Collider col){}
```

判断碰撞器的标签是否正确：

```
if (col.gameObject.tag.CompareTo("碰撞器标签名") == 0){}
```

激活游戏对象：

```
游戏对象. SetActive(true);
```

播放声音源组件：

```
游戏对象. GetComponent<AudioSource>().Play();
```

退出程序：

```
Application.Quit();
```

 9.5　第 8 章常用代码

垂直控制器（PC 中对应 W，S 键）：

```
Vertical
```

水平控制器（PC 中对应 A、D 键）：

```
Horizontal
```

判断按下键盘上的按键：

```
If(Input.GetKey(KeyCode.键位)) {  }
```

激活动画控制器的 Trigger 类型参数：

```
游戏对象.GetComponent<Animator>().SetTrigger("参数名");
```

将按下键位的值附给 Float 类型参数：

游戏对象.GetComponent<Animator>().SetFloat("参数名", Input.GetAxis("按键名"));

查看动画状态机是否正在运行：

游戏对象.GetComponent<Animator>().GetCurrentAnimatorStateInfo(动画控制器层序号).IsName("动画状态机名称")

生成预制体：

Instantiate(预制体, 生成预制体的位置, 生成预制体的旋转角度);

在 Scene 场景中显示标示用的图片：

Gizmos.DrawIcon(显示图片的位置,"图片名");

注意图片必须放在"Project"面板中的"Gizmos"文件夹中，且图片名要加后缀。
调整声音源组件的播放速度：

游戏对象.GetComponent<AudioSource>().pitch = 倍数;

9.6　常用变量

常用变量类型

整数：Int
浮点数（小数）：float
布尔型（判断真假）：bool
二维向量：Vector2
三维向量：Vector3
游戏对象：GameObject
动画控制器：Animator
普通贴图纹理：Texuture
声音文件：AudioClip
2D 纹理（可以用来存储屏幕截图）：Texture2D

Texture2D(int **width**, int **height**, TextureFormat **format**, bool **mipmap**);

第10章 其他

 10.1 文件管理

各个公司根据不同项目会有不同的管理标准，这里给新手推荐其中一种比较常用的方式。

1. 规定简称

所有资源文件先规定简称规则，然后给资源按分类与层级命名。

例如：图片类_卡通类_古代类_女性类_编号001：Im_C_A_F_001。

2. 图片分类

图片类的按照类型分层级后，在每个最终层级中制作一张有所有小图片的预览图，每张小图附图片的编号，在图片量很大的情况下避免文件预览的卡顿，且便于快速找到需要的图片。

3. UnityPackage分类

UnityPackage 将重要部分截图，建立说明文档，重点记录该资源的版本、该资源所适配的Unity 版本，以及详细的功能。同一资源的不同版本要分文件夹保存。

4. 模型分类

模型要按文件类型分类，例如 mb，fbx，obj。

MAYA、3ds Max 的源文件要保留重要阶段的文件，例如模型制作完成后未绑定骨骼阶段，刷权重后未进行动作 K 帧的阶段。

5. 项目文件管理

项目文件先按照项目主要类型分类，例如一级文件夹为移动端 AR、HTCVR、PC 虚拟仿真。二级文件夹为具体项目例如：上海 XXAR 展，深圳 XXapp。三级文件夹为项目中的资源类型，例如：模型、图片、Unity 文件。四级文件夹或往下则为具体的资源内容分类。

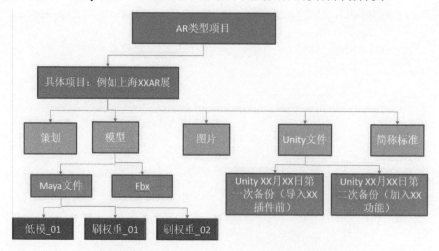

10.2 AR 中人员管理

由于笔者所在公司主要以提供 AR 方案与外包为主，客户中有不少 AR 的硬件厂商或者传统软件转型 AR 的公司，很多公司在招聘 AR 开发人员以及人员分配上存在很多疑问，这里笔者简单地谈一下自己对于 AR 中人员管理的看法。

首先招收的 AR 人员必须是对 AR 技术有兴趣的人，能够与团队很好的沟通，AR 并不是一个成熟的产业，不像手游等传统行业有着各种模板，重新设计资源，在技术上进行一定的调整就可以。AR 需要开发者自身有极大的兴趣去钻研新的设计思路，并跟团队有很好的沟通。

AR 开发人员中程序员不需要有很多的 AR 经验，传统的 C#程序员就能很好地胜任 AR 中的编程需求，最好能够懂 Unity 与服务器的交互。程序方面不建议外包，最好都由自己的程序员来完成，程序员人数根据公司实际需求而定。

平面美工起码需要一人，平面美工不单是对于平面图片的编辑，UI 设计等，其有两个更重要的任务：一是跟策划沟通可以发布原画、UI 设计等平面美术外包并进行外包反馈的审核。二是要把 AR 项目的设计想法以草图的形式呈现出来，便于整个团队的分析研究和与客户的沟通。

3D 美工方面主要需要技术美术，技术美术一般分为两类：一类是能够根据项目需要编写 Shader 等 3D 图形学方面程序的工程师；另一类是既懂 3D 建模动画又懂 Unity 程序，能够解决模型与程序间问题的工程师。3D 美术方面目前研发公司一般不会有建模师团队，而是制定好标准后发外包给专业的公司进行制作。所以研发公司应该具备一名第二类的技术美术人员，可以根据项目需求确定模型及动画标准并且审核外包反馈。

10.3 AR 注意事项

AR 中主要需要注意的几个问题：

1. AR 中所使用的特效尽量使用有体积感的粒子特效，传统特效中靠面片始终正对屏幕的形式在 AR 中很容易造成穿帮。

2. 摄像机镜头类的特效在 AR 中大多会失效，例如光晕、滤镜以及一些通过摄像机特效才能表现的 Shader 效果。

3. 模型动画需要使用骨骼动画。

4. AR 中的视频要控制视频文件大小，一般控制在 100MB 以内。

5. 空间中 UI 系统尽量使用物体去搭建，UGUI 在 AR 中如果以非屏幕渲染的形式出现，则在定位、遮挡关系上容易出现问题。

寄　语

老师直接拿出自己做的项目并且毫无保留地进行讲解，讲课很细致有条理，特别是对刚刚入门的菜鸟的我来说很受用，十分感谢李老师的耐心教导，有疑惑的地方都及时给予解答，保证学完就能做出东西，对自己的帮助非常大，谢谢！

——学员　陈卓煜

我是西安理工大学的一名学生，毕业设计的主题与增强现实有关。以前已经看了很多相关的资料，但是都是东一点西一点的碎片知识，对于 AR 还是一知半解。直到碰到李晔老师，他非常细致地讲解了完整的 AR 应用的开发流程，有条理地对每一个步骤都进行了详细的演示。如果你是一个零基础开发者，那么这本书是你最好的入门选择，避开所有弯路，带你走进增强现实这个神奇的世界；如果你是一个有基础的开发者，这本书也会为你打开新的思路和方向，明确你后续的学习方向！

——西安理工大学学员　刘敏

我是一名来自南京的 Unity 3D 开发工程师，在一次开发项目中因项目需要急需涂涂乐的应用技术，前来请求李老师支援，李老师讲解得很仔细，很认真，动不动就是一个实际案例，给了我很多启发，从而能在规定时间里顺利的完成项目开发，所以很是感谢。在此，作为程序员同僚，我很是推荐老师的著作，我想你看了一定也会跟我一样受益匪浅。

——Unity 3D 开发工程师　孙景程

我硕士毕业，目前是一名科技公司的 AR/VR 软件开发工程师，对于 AR 充满热诚的我已经学习到第四年，大约是在两年前认识了李老师，我以一名初学者的心态向李老师求学，看着他的视频一点一滴地累积经验，李老师总会仔细地说明代码的用途，还有基础的使用方法，他以及分享丰富的业内经验，将知识用浅显易懂的方式表达出来。从李老师身上学会了很多 AR 知识，从他那里学习 AR 是我人生转折的契机！

——亚洲大学学员　孟曾翔

李晔老师的课程讲解非常细致，由浅入深地向你讲解 AR 这种新技术在房地产领域上的应用，非常适合刚接触 AR 的初学者。本人从事建筑设计工作，这项技术对建筑设计来说有革命性的意义，让我们设计师从二维的效果图设计变成了立体的三维全方位展示。当我给客户呈现这种技术的时候，房地产甲方感到非常的惊艳。甲方对整个建筑的体量感、建筑外立面、室内装潢各个层面有了更直观的感知。我相信这项技术以后会对我们建筑师有更多的帮助。

——中科院建筑设计研究院　周立国